Paul Dahms

An der See

Geologisch-geographische Betrachtungen für mittlere und reife Schüler

Paul Dahms

An der See

Geologisch-geographische Betrachtungen für mittlere und reife Schüler

ISBN/EAN: 9783954272822
Erscheinungsjahr: 2013
Erscheinungsort: Bremen, Deutschland

www.maritimepress.de | office@maritimepress.de

Bei diesem Titel handelt es sich um den Nachdruck eines historischen, lange vergriffenen Buches. Da elektronische Druckvorlagen für diese Titel nicht existieren, musste auf alte Vorlagen zurückgegriffen werden. Hieraus zwangsläufig resultierende Qualitätsverluste bitten wir zu entschuldigen.

Dr. Baſtian Schmids naturwiſſenſchaftliche Schülerbibliothek

3

An der See

Geologiſch=geographiſche Betrachtungen
für mittlere und reife Schüler

von

Prof. Dr. P. Dahms

in Zoppot, W.=Pr.

Mit 61 Abbildungen im Text

Leipzig und Berlin

Druck und Verlag von B. G. Teubner

1911

Vorwort.

Wer im Zimmer ein Verständnis von den Bildungen an unserer Küste gewinnen will, lege dieses Büchlein getrost wieder aus der Hand. Nur in bloßen Umrissen würde es ihm ein Bild von dem geben, was tatsächlich der Fall ist. Dem allein öffnen diese Blätter das große Buch der Natur, der hinausgeht, wo diese sich tagtäglich von neuen, bemerkenswerten Seiten zeigt. Wer in dem Strande mehr als einen Spazierweg sieht, auf dem schön geputzte Menschen wandern, wird durch diesen kleinen Führer schnell über das Notwendigste unterrichtet werden. Wenn schlechtes Wetter die erholungsbedürftigen Badegäste fortgeschreckt hat und mutwillige Winde den Naturfreund auf den Wanderungen an Haar und Gewand zausen, dann zeigt sich die Wasserkante in ihrer ganzen Pracht und Herrlichkeit. In weißen langgezogenen Wogenkämmen läuft das Meer gegen das Festland an, an Abhängen und sandigen Stellen setzt der Sturmwind ein und führt die kleinen Sandteilchen vor sich her: hier Wälle häufend und kleine Küstengewässer in ihrem Laufe ablenkend, dort nagend und schleifend und unterkehlend.

An längeren Abenden und bei regnerischem Wetter soll das Büchlein das am Strande selbst Gesehene noch einmal im Zusammenhang geben und von der Vorzeit und ihren Kräften und Bildungen plaudern. So wird es hoffentlich das Verständnis für den Strand und seine Wunder erschließen und dazu anregen, immer weitere Wanderungen zu unternehmen und

a*

größere und ausführlichere Beschreibungen und Schilderungen
mit Lust und Nutzen zu lesen. So hoffe ich, wird es auch
einen Einblick gewähren in den knorrigen und in sich ver=
schlossenen Charakter der Küstenbewohner. Es wird ein warmes
Empfinden für diese Bevölkerung aufblühen lassen, die bei ihrem
harten Leben eine so kalte Schale und einen so warmen Kern
hat und die Leute stellt, die unsere wackere Marine bilden.
Dann muß für Strand, Wasser und Bevölkerung der nördlichen
Reichsgrenze ein lebhaftes Interesse platzgreifen, und daß das
geschehe, ist der Wunsch, den ich dem Büchlein mitgebe.

Gute Wanderung also und guten Erfolg!

Zoppot, den 30. Januar 1911.

Dr. Dahms.

Inhaltsübersicht.

Strandwanderung.

Wenn das lichte Grün der Bäume im heißen Sonnenbrand sich dunkler färbt und im dichten Laubwerke jeder Windhauch erstirbt, treibt es den Wanderfrohen unserer deutschen Küsten=gegenden an die Wasserkante. Hier bietet sich ihm meist ein prächtiger Weg. Wo der trockene in den feuchten Sand über=geht und feine Zeichnungen aus losen Körnchen ihn bemerkbar machen, wandert man bequem dahin. Die kleinen, winzigen Sandkörnchen sind fest zusammen gefügt, doch nicht so sehr, daß sie nicht unter dem Fuße etwas federten und das Vor=wärtskommen dadurch wesentlich erleichterten. In der Ferne ziehen auf der weiten, blauen Flut Dampfer und Fahrzeuge mit geblähten Segeln dahin. Ruhe und Frieden herrscht am Saume dieser großen Wasserfläche, und doch plaudert die sich überstürzende Brandungswelle von stetem Werden und Vergehen, von Zerstörung und Neubildung: ein ewig neues Märchen von der Allgewalt und Macht der weiten Natur und der Kleinheit des Menschen in ihr.

Ziehen aber im Sturm die hohen Wogen in Reihen hinterein=ander heran und bäumen sich auf und überschlagen sich, so wird uns ohne weiteres klar, welche furchtbaren Gewalten zur Entfesselung gelangen können. Weithin dehnt sich das Wasser der Wellen auf dem flachen Strande aus, läuft bis an die erste Erhebung der Dünen und benagt und verwühlt, was sie erreichen kann. Ein Küstenflüßchen, das wir oft mühelos überstiegen, wälzt zur Regenzeit im Herbst gewaltige Wassermengen dahin. Sie bieten dem Winde einen kräftigen Angriffspunkt. Auf Stellen des Strandes, die etwa nur 10 m Breite haben, ist der Flußlauf bis zu 100 m seitlich verschoben und hindert uns am Vorwärtskommen. Hört der Wind auf, so kehrt er in sein altes Bette zurück; das neue trocknet aus und hinterläßt Pfützen, von denen bei unserem Herankommen kreischende Möwenschwärme emporsteigen.

Der leiseste Windhauch bringt die losen Sandkörnchen zum Wandern; wird er stärker und stärker, so treibt er sie mit großer Kraft vor sich her. Unwillkürlich schließt man die Augen so sehr wie möglich, wenn man gegen ihn ankämpfen muß. Wie feiner Hagel prasselt es ins Gesicht, und gern kürzen wir an solchen Tagen unseren Spaziergang ab und fühlen noch lange den stechenden, brennenden Schmerz. Da diese treibenden Körnchen recht empfindliche Hautreizungen hervorrufen können, pflegen Leute an manchen Küstengegenden beim Bestellen ihrer Ländereien Masken anzulegen und sich so zu schützen.

Auch in anderer Weise betätigt sich der Wind; wo in der schwachen Pflanzendecke der Vordüne eine kleine Blöße vorliegt, greift er unbarmherzig hinein, erweitert und vertieft die Lücke und schält schließlich, wenn man nicht hemmend eingreift, die ganze Vegetationshülle ab. Nach kräftigem Sturme sehen wir deshalb wohl gelegentlich einen Knecht zu Roß mit breiten, stählernen Walzen die teilweise aufgerissenen Teile wieder zusammendrücken und auf den darunter liegenden Sand pressen.

Die interessanteste Bildung des Windes ist am Strande aber die der Dünen. Aus den winzig kleinen Sandkörnchen, die meist nur einen Durchmesser von weniger als ein Millimeter haben und unter der Lupe wie zierliche Glasperlen aussehen, baut er diese gewaltigen Hügelketten auf. Wandelnde Kolosse sind es, die erbarmungslos alles erdrücken, was ihnen in den Weg kommt. Über blühende Gärten und Ländereien, über Ortschaften, lachende Dörfer und stille Friedhöfe ziehen sie langsam und im

Augenblicke kaum merkbar hinüber. Hier finden wir ein nagel=
artiges Metallstück, das unsere Wißbegier reizt; wir heben es
auf, um bei Gelegenheit uns nach seiner Bedeutung zu er=
kundigen. Bereits in der nächsten Ortschaft weiß man uns
aufzuklären. Der Ort, an dem wir unseren Fund machten, ist
ein alter Friedhof, über den die Düne wanderte, und das läng=
liche Eisenstück ein Sargnagel.

Wir gehen durchaus fehl, wenn wir in diesen gewaltigen
Sandbergen bloße Zusammenhäufungen von Körnchen sehen
wollten. Auch sie haben einen feineren Bau, verfügen über
eigenartigen Wassergehalt und bilden ganz eigenartige Formen
heraus. Während sie gewöhnlich kahl und nackt daliegen, bieten
sie unter Umständen ganz prächtige Bilder. — Bei bedecktem
Himmel haben wir uns frühmorgens aufgemacht, um uns in
der kühlen Morgenluft für das Tagewerk zu rüsten und zu
sammeln. Eintönig reiht sich Düne an Düne. Da teilt sich
die dicke Wolkenwand und läßt die Sonne hindurch. Unter
ihren rosigen Strahlen röten sich die Schaumkronen der Bran=
dungswellen, und die Dünen verlieren ihre fahle Farbe und
kleiden sich in ein lebhafter gefärbtes Gewand. Man er=
kennt sie kaum wieder, die gleichgültig kalten Gesellen, gegen die
der Mensch dauernd mit dem Rüstzeug seiner praktischen Er=
fahrung und seiner Wissenschaft zu Felde ziehen muß, um ihr
Zerstörungswerk aufzuhalten!

Hier erblicken wir eine Düne, die mitten im Kiefernwalde
hängen blieb. Sie hat sich zu kühn in ihn hinein gewagt und
kann nicht mehr von der Stelle.

Im losen Sande watend, ziehen wir an einem anderen Tage
quer durch das Gelände, der Tag war heiß, und halb schlum=
mernd verfolgen wir unseren Weg. „Doch — was ist das,
neckt uns ein Traum? Sind wir plötzlich in eine Alpenland=
schaft versetzt? Vor uns sehen wir eine endlose Kette zackiger,
hoher, scheinbar mit Schnee bedeckter Berge! Wir besteigen

1*

deren einen und überzeugen uns nun, daß wir nicht Schnee
oder Gletschereis, sondern Dünenberge vor uns sehen, deren
schneeweißer, von der Sonne bestrahlter Sand sich von dem
dunkelgrünen Dünenwalde einerseits, der wogenden blauen See
andererseits wirksam abhebt, wahrlich ein herrlicher, überwäl=
tigender Anblick!"

Vom Strande und seinem Sande haben viele Schriftsteller
berichtet, in früherer Zeit meist in wenig günstiger Weise. Wer
aber das Auge offen und von der modernen, oberflächlichen
„Großzügigkeit" der heutigen Tage sich in gemessener Entfernung
hält, der lernt die Wasserkante in ihrer Eigenart lieben, be=
sonders wenn er sie in ihrem Wechsel von Wetter, Jahres= und
Tageszeit beobachten konnte. ―

Dort springt die Steilküste hart an das Ufer heran. In
ihrem Schatten, am Hange zwischen Buschwerk, läßt sich gut
nach dem Marsche rasten! Durch das grünliche Wasser hin=
durch schimmert in einiger Entfernung vom Strande ein „Riff",
eine Sandbank. Die Wellen, die vom tiefen Wasser her her=
beirollen, kommen dort auf Grund, sie bäumen und überschlagen
sich, nehmen das Hindernis und legen, nach dieser Leistung stark
geschwächt, in kaum merkbaren Bewegungen die Strecke zwischen
Riff und Strand zurück. Am Ufer selbst nehmen sie nochmals
ihre Kraft zusammen, um in schwacher Brandung gänzlich zu
erlahmen.

Der mächtige Gesteinsblock dort vernichtet die Gewalt der
Wogen in anderer Weise. Fast senkrecht steigt die Welle beim
Anprall an ihm empor und zerstiebt fächerartig zu einem feinen
Sprühregen. Steht die Sonne hinter uns, so zaubert sie auf die
feinen Tröpfchen den schönsten Regenbogen, und bei jeder neuen
Welle wiederholt sich dieses farbenprächtige Spiel. Wie mögen
diese gewaltigen Blöcke ins Wasser geraten sein? Man erzählt
allerlei von ihnen, was wir als lächerlich zurückweisen müssen.
Gewöhnlich soll der Teufel sie hierher geworfen oder hier fallen

gelassen haben. Da sie aber überall dort anzutreffen sind, wo das Meer steile Küsten annagt und langsam zerstört, scheint uns die Volkssage auch aus diesem Grunde anfechtbar.

Und doch ist hier die Gegend recht dazu angetan, an allerlei überirdische Wesen zu glauben. Dort, noch etwas weiter ins Meer hinaus, bietet sich ein anderes wunderbares Bild. Von einem Körper, dessen Wesen wir nicht recht erkennen können, fluten lange, grüne Haare ins Wasser. Bei ihrem Auf= und Niedersteigen zieht die Welle sie hin und her, wirbelt sie zusammen und kämmt sie weit aus. Eine Bootfahrt nach jener Stelle gibt uns bald Aufschluß. Keine Necke und Nixen treiben dort ihr Spiel; wieder sind es Gesteinsblöcke, die sich unter dem Wasserspiegel mit langen Algenfäden bedeckten und hin und wieder über die Wasserfläche hervorragen.

Das Boot selbst, das uns trug, liegt wieder neben einer Laufplanke an der Kette fest. Die Bewegung der Wellen wirkt noch dauernd darauf, es hebt und senkt sich und möchte sich am liebsten ganz auf den Sand treiben lassen. Woher kommt dieses eigenartige Leben ins Wasser, wie bilden sich die Wellen? Solange wir auf der Wanderung sind und ein bestimmtes Ziel uns lockt, achten wir wohl weniger auf die Einzelheiten unserer Umgebung, auf der Rast streift dagegen unser Auge alles um uns genau ab. Da sehen wir manches, was uns auffällt, zu Fragen reizt und zum Nachdenken veranlaßt.

Jetzt stehen wir vor dem Steilabfall des Gehänges; große Sand= und Lehmmassen sind herabgeglitten. Zum Teil hat die Welle sie fortgeführt, zum Teil werden wir über sie hinweg= klettern müssen. Wie niederströmender Regen und die Schnee= schmelze den Boden durchweicht, lockert und solche Abstürze ver= anlassen kann, ist wohl leicht ersichtlich, was wir nun aber wahrnehmen, setzt uns doch in Erstaunen. Jetzt, wo die Sonne lacht und kein Lüftchen weht, rinnt und rieselt es unausgesetzt von den steilen Wänden hernieder, Sandkörnchen, Kiesel und wohl auch größere Blöcke kommen an uns vorbei. Wo ist die Veranlassung zu suchen, die sie loslöste und herabrollen ließ? —

Auf alle diese Fragen läßt sich eine Antwort geben, die freilich erst nach langer Beschäftigung vieler Forscher und Naturfreunde mit den Erscheinungen am Strande möglich war. Was hier unseren Geist beschäftigt, der Trieb, die Geheimnisse der Mutter Natur zu erforschen, hat seit undenklichen Zeiten auch für das Meer die Veranlassung zu sorgfältigen Beobachtungen gegeben. Jeder Kapitän führt sein Tagebuch und notiert sorgfältig alles, was auf seiner Fahrt irgendwie bemerkenswert ist. Die Gründe und Veranlassungen zu den einzelnen Erscheinungen liegen nicht immer durchsichtig da, und doch enthalten diese Aufzeichnungen viel wertvolles Material, das in praktischer und wissenschaftlicher Hinsicht reiche Ausbeute möglich macht. Viele Beobachtungen und sorgfältiges Vergleichen der einzelnen Tatsachen führen auch uns immer tiefer und tiefer in das Wesen der Erscheinungen hinein. Was uns zuerst als unwesentlich und gleichgültig erscheint, gewinnt an Bedeutung, wenn wir es wirklich seinem Wesen nach gänzlich erfassen können.

Die Blume, die wir zogen, hat wesentlich größeren Wert für uns als eine andere, die wir beim Gärtner erstanden. Bei ihrem Anblick zieht eine Reihe von Bildern in bunter Reihe vor unserem geistigen Auge vorüber. Wir erinnern uns des Tages, als sich an unserem Bäumchen die Knospe zeigte, wie diese dann größer und stattlicher wurde und aus ihr schließlich die Blüte hervorbrach. Kennen wir den Lebenslauf eines Dinges, so ist unsere Teilnahme viel größer als sonst. Auch unsere Küstenstriche sind das Endergebnis einer Reihe von Wechsel und Wandelungen, die sich im Laufe der Jahrtausende abspielten. Wie alles kam und wurde, und was jetzt geschieht, soll dieses Büchlein erzählen! Wie die Welle entsteht und arbeitet, wie sie Land sich bilden läßt und an anderer Stelle mit Mensch und Tier hinwegspült; wie der Mensch ihr dann zu trotzen wagt und in heißem Kampf ihr ein Stück Land nach dem anderen abringt, das soll kurz beschrieben werden!

Der bloßen Schilderung auf diesen Blättern muß aber eine stete Beobachtung im Freien fördernd zur Seite stehen, soll ein rechter Einblick in die Natur unseres Küstengebietes gewonnen werden!

Wenn zu diesem Erkennen noch ein warmes Gefühl für die Wasserkante wachgerufen werden sollte, so hat diese kleine Zusammenstellung reichlich ihre Pflicht erfüllt.

Meerestiefen.

Es ist ein schöner, sonniger Tag am Sandstrande! Er lockt uns auf einen Seesteg und veranlaßt uns, mit einem Fischer auf die weite Wasserfläche hinauszufahren! Wir lassen den flachen Strand zurück, den die auflaufenden Wellen bespülen, und blicken mit Interesse auf den Meeresboden, der sich allmählich immer tiefer hinabsenkt. Durch das grünliche, klare Wasser sehen wir auf ihm eigentümliche, wellenförmige Zeichnungen, die in fast gleicher Entfernung voneinander dahinziehen. Hin und wieder unterbricht diese eintönigen Bildungen eine Muschelschale oder ein Stein, sonst zeigt sich keine wesentliche Abwechselung. Die Wasserschicht wird mit der Zunahme der Tiefe immer dicker, ihre Farbentönung immer tiefer, und schließlich verschwimmen die Umrisse der Gegenstände und Bildungen des Untergrundes, wir befinden uns auf tieferem Wasser. Vorstellungen von versunkenen Schiffen und ungehobenen Schätzen spinnen uns in ihr Märchenbereich, Schilderungen von ungeheuerlichen und wunderbaren Wesen der Tiefe nehmen unsere Einbildungskraft in Besitz. Dabei ist die Wassertiefe bei solchem Strande verhältnismäßig noch äußerst gering, und das erträumte Land der Phantasie noch sehr weit von uns entfernt.

Wie tief der feste Boden unter der bewegten Meeresoberfläche

liegt, ist wohl eine der ersten Fragen, die man bei der Fahrt
auf schwankendem Boote beantwortet haben möchte. Messungen
in dieser Weise scheinen verhältnismäßig nicht allzuviel Schwierig=
keiten zu bieten. Das wäre auch der Fall, wenn kein Land den
Zusammenhang des Meeres unterbräche. Dann deckte eine zu=
sammenhängende Wasserschicht die Erdfeste, und infolge der
Drehung der Erde folgten die Fluten ganz bestimmten Gesetzen.
In den äquatorialen Gegenden stände es am tiefsten, an den
Polen am niedrigsten, in den Gegenden dazwischen immer gleich=
hoch unter demselben Parallelkreise. Die Kontinente, welche die
Wasserdecke durchbrechen, veranlassen aber eine große Umände=
rung dieser Gesetzmäßigkeiten.

Das Land ist rund 2½ mal schwerer als Wasser. Da nun

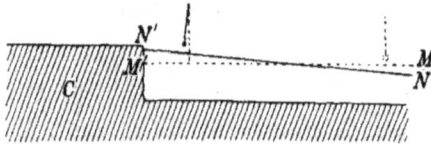

Fig. 1. Die sog. Kontinentalwelle. (Nach Krümmel.)

alle Körper sich im Ver=
hältnis zu ihrer Masse an=
ziehen, wird das Festland
kräftig anziehend auf das
Wasser in seiner Nähe ein=
wirken. Falls die vorher erwähnte Wasserhülle vorläge, würde
sie an allen Teilen ihrer Oberfläche allein der Einwirkung der
Schwere folgen. Es würde sich ein Lot senkrecht zur Wasser=
fläche stellen und nach dem Erdmittelpunkte hinweisen, nur
durch die Zentrifugalkraft der sich drehenden Erde etwas nach
außen hin abgelenkt. Senkrecht zur Pendelrichtung würde sich
dann wieder die Oberfläche des Meeres einstellen, den Beziehungen
entsprechend, welche zwischen wagerechter und lotrechter Richtung
bestehen. Die Nähe eines Kontinentes wirkt auf das Lot aber
durch Anziehung ablenkend, und die Meeresoberfläche muß sich
auch in diesem Falle wieder senkrecht zu diesem einstellen. Diese
Ablenkung erfolgt in einem um so stärkeren Grade, je flacher
das Meer und je gewaltiger das Festland ist. Die große Reich=
haltigkeit in den Formen der Küstengebiete macht es nun ver=
ständlich, daß das Meer an seiner Oberfläche keine vollkommen

regelmäßig gebaute Fläche, sondern eine recht abwechslungsreich gebaute „Kontinentalwelle" darstellt. An der Küste steht sie vom Mittelpunkte weiter ab als auf freiem Meere; hier bildet sie, allein der anziehenden Kraft der Erde ausgesetzt, eine Kugeloberfläche, als beständen keine Festländer. Feine physikalische Untersuchungen haben die Stichhaltigkeit dieser Überlegungen bestätigt. — Eine ähnliche Erscheinung können wir an einem Glas Wasser wahrnehmen. Auch hier ist die Oberfläche der Flüssigkeit nicht eben, sondern steigt am Rande in die Höhe. (Fig. 1.)

Das Meeresniveau ist also eine Fläche, welche durch die eingelagerten Festländer bedeutende Umgestaltungen erfahren hat. Denkt man sie sich unter den Kontinenten fortgesetzt, so erhält man einen ideal umgrenzten Erdkörper, der als „Geoid" bezeichnet wird. Von der Oberfläche dieses Geoid aus hat man alle Höhenmessungen auf dem Lande und alle Tiefenmessungen auf dem Meere vorzunehmen.

Das älteste Hilfsmittel zur Anstellung von Messungen in die Tiefe ist jedenfalls das „Handlot". Bereits in frühem Altertum (Herodot) galt als Maßeinheit für derartige Lotungen die „Klafter", das heißt, die Entfernung zwischen den ausgebreiteten Armen, welche unsere Seeleute „Faden" nennen. Sie fand bis zur Einführung des Metermaßes auf den Seekarten Verwendung. Ausmessungen schwieriger Fahrwasser, namentlich an den Küsten entlang, sind seit seiner ersten Verwendung von verschiedenen Völkern und zu verschiedenen Zeiten gemacht worden. In größerer Entfernung von der Küste erreichte man mit einem solchen mangelhaften Instrumente freilich nicht den Meeresgrund; desto üppiger ließ man die Phantasie arbeiten und kam dann aus einem gewissen, dunklen Gefühl für das Ebenmäßige und Symmetrische zu der Auffassung, daß der Meeresboden in entsprechender Weise unter dem Wasser ausgebildet sei wie die Höhen der Gebirge über ihm.

Die ersten größeren Tiefenmessungen wurden in den abgeschlossenen Becken des arktischen Meeres zu Beginn des vorigen Jahrhunderts mit Erfolg angestellt. Eine Reihe zielbewußter Untersuchungen auf freiem Meere wurde zuerst von dem Amerikaner M. F. Maury angebahnt und mit Erfolg durchgeführt (1850), als man dem Gedanken einer Kabelverbindung zwischen Amerika und Europa näher trat. Auch andere Nationen beteiligten sich an der Lösung dieser Frage, so gelang es z. B. später dem amerikanischen Schiffe „Tuskarora", die gewaltigen Tiefen des Pazifischen Ozeans zu ermitteln.

Bei diesen Lotungen stellte sich bald eine Reihe von Schwierigkeiten heraus, besonders wenn es sich darum handelte, ohne großen Zeitverlust eine Reihe von Messungen hintereinander auszuführen. Die frühere Methode, von einem ausgesetzten Boote aus zu arbeiten, mußte aufgegeben werden, besonders da man in diesem Falle vom Wetter allzu abhängig war. Weil das große Fahrzeug im Seegange schlingerte und dadurch häufig ein Brechen der Leine veranlaßte, wurden Vorrichtungen konstruiert, die mittels zahlreicher elastischer federnder Verbindungen die entstehenden Störungen an der Rolle der Lotleine ausglichen. Da die Leine trotzdem häufig genug verloren ging, ersetzte man sie durch Klaviersaitendraht. Sobald das Lot den Boden erreichte, wurde er abgeschnitten, so daß das Aufwinden fortfallen konnte. Es wurde damit Zeit gespart; andererseits ergab sich dieses Vorgehen als recht zweckentsprechend, da der aufgezogene Draht leicht Schlingen bildete und dann brach.

Diesen methodischen, mehr mechanischen Ermittelungen der Meerestiefe schlossen sich dann solche an, die aus dem Druck in einer gewissen Wassertiefe diese ermitteln wollten. Der Druck des Wassers nimmt mit der Höhe der lastenden Wassersäule immer mehr zu. Es lag deshalb recht nahe, aus ihm die Tiefe unter dem Wasserspiegel ähnlich ermitteln zu wollen wie die Höhen in der verdünnten Luft über dem Meere mit Hilfe des Barometers. Die eigens hierzu konstruierten Tiefseebaro=

meter kann man freilich nur für geringe Tiefen verwenden,
während sie in größeren regelmäßig zerdrückt werden. Vorteil=
haft hat sich dagegen die Patentlotmaschine erwiesen; sie ist von
dem englischen Physiker William Thomson konstruiert und
auch bei der deutschen Marine eingeführt.

Taucht man ein Wasserglas mit der Mündung nach unten
in eine Flüssigkeit, z. B. Wasser, so verhindert die abgeschlossene
Luftmenge zuerst ihr Eindringen. Drückt man das Glas
tiefer und tiefer hinab, so steigt das Wasser in ihm langsam
empor. Je stärker der Wasserdruck, desto höher ist die ein=
gedrungene Wassersäule. Ist das Innere mit einer Farbe be=
strichen, die sich im Seewasser verändert, so läßt sich nachträg=
lich ermitteln, wie weit das Wasser eindrang, wie groß also der
wirksame Druck des Wassers war. Zur Verwendung kommt
eine oben verschlossene enge Röhre, die an einem Klavierdraht
versenkt werden kann; die empfindliche Farbe stellt eine rote
Silberverbindung (chromsaures Silber) dar, die in Berührung
mit Seewasser weiß (Chlorsilber) wird. Der Apparat ist be=
sonders deshalb wertvoll, weil man auch während der Fahrt
mit ihm loten kann.

Entsprechend den Höhenschichtenkarten unserer Atlanten hat
man aus diesen Messungen nun auch das Bodenrelief der
Meeresbecken darzustellen gesucht. Dabei fiel das sanfte An=
und Absteigen der unterseeischen Bodenformen auf; dieses gilt aber
ohne weiteres nur von solchen Gebieten des Meeresgrundes, die
von weichen Sedimenten (Absätzen) bedeckt sind. Wurde harter
Fels gelotet, so zeigte die Ausbildung des Meeresgrundes etwas
mehr Abwechselung.

Sanfte Böschungen sind dort stets anzutreffen, wo niedriges
Land aus weichem Material an das Meer stößt. Die geringen
Tiefen an den Nord= und Ostseeküsten sind in dieser Hinsicht be=
kannt; besonders der sanft ansteigende Strand der Badeorte. Vor=
zugsweise der von Sylt und Norderney ist deshalb und ferner

wegen der kräftigen Brandung geschätzt, welche durch diese Strand=
bildung bedingt wird. Stellenweise ist der Boden der Nord=
und Ostsee auch fernab vom Ufer ganz eben ausgebildet. An=
dererseits liegen in der Nordsee verschiedene Bänke, deren
Entstehungsart noch heute so gut wie unbekannt ist. Sie sind
meist lang und schmal, steigen bis dicht an die Oberfläche
hinauf und bilden für die Seefahrt eine große Gefahr. Zur
Sicherung für die Fahrzeuge hat man sie deshalb mittels
schwimmender Zeichen, sog. Bojen, und Feuerschiffe weithin
bemerkbar gemacht.

Mit mehr Glück ist ein Versuch gekrönt, die Bänke in der
Ostsee vor der pommerschen Küste geologisch zu deuten. Nach
W. Deecke erklärt sich die Plantagenet=Bank in einfacher Weise
als Staumoräne. Zwischen Rügen und Plantagenet=Grund ver=
laufen nämlich Lücke und Bucht in gleicher Richtung wie das
ehemalige Inlandeis. Zweifellos waren sie zur Zeit der Ver=
eisung von einem Gletscher bedeckt; die Bank selbst stellt dann
noch einen Teil einer aufgestauten Moräne dar. Das vom
Gletscher bewegte Gesteinsmaterial läßt sich seiner Ausdehnung
nach heute noch bestimmen. Die Oderbank dagegen ist als ein
Gebirgsstück zu bezeichnen, das Jasmund, einer Halbinsel von
Rügen, entspricht. Der Adler=Grund ruft den Eindruck einer
Moränenlandschaft wach, während die Stolpe=Bank nach ihrer
Entstehung noch nicht sicher gedeutet werden kann.

Das Grenzgebiet zwischen Kontinent und Tiefsee zeigt eine
besondere Ausbildung. Zunächst schließt sich an das Festland
der schmale Gürtel an, der bei Hochwasser dem Meere, bei
Niedrigwasser dem Lande zugerechnet werden kann. Dann folgt
in den meisten Fällen die sog. Kontinentalstufe oder der
Schelf, dessen Tiefen etwa 100—200 m betragen. Auf dieser
Meeresstrecke ist die Böschung nur gering, ungefähr ebenso groß
wie auf dem anliegenden Festlande. Aus diesem und ähnlichen
Gründen darf man diesen Meeresteil noch nicht der Tiefsee

zurechnen, vielmehr hat man in ihm den äußeren, wahren Rand des Festlandes zu erblicken. Erst jenseits dieser Stufe setzt die Neigung des Meeresbodens unter größerem Winkel ein, und die Tiefsee beginnt.

Auch in physikalischer und biologischer Hinsicht ist dieser Teil des Festlandes unterhalb der Meeresfluten von Bedeutung. Mit 200 m ist wohl die äußerste Grenze erreicht, bis zu der in Ausnahmefällen die mechanischen und abtragenden Wirkungen des Seeganges sich bemerkbar machen. Von diesen Tiefen aufwärts wirken Wellen und Brandung sowie die bewegende Kraft der Meeresströmungen und der sog. Gezeiten, d. h. von Ebbe und Flut; in diesen oberen Wassermengen macht sich noch der Einfluß der Sonnenstrahlen bemerkbar, wenigstens der Strahlenarten, die für das Gedeihen der winzigen Pflänzchen von Bedeutung sind. Dieses vegetabilische Plankton stellt die Urnahrung der Meerestiere dar, und deshalb sind auch in dieser verhältnismäßig seichten Küstenzone unsere wichtigsten Nutzfische anzutreffen. Hier haben wir deshalb auch die gesamten Fischereien auf Hering, Dorsch, Scholle usw. zu suchen. An gewissen Stellen ist die Kontinentalstufe besonders breit und nimmt in Form von Flachseebänken bedeutende Flächen ein. An solchen Orten liegen die Mittelpunkte der sog. Hochseefischerei. Man hat unter dieser Bezeichnung also nicht das Fischen über den gewaltigen Tiefen der Ozeane zu verstehen, sondern in einer Flachseezone, die von der Küste und der Küstenfischerei verschieden weit betrieben werden kann. Der Kontinentalstufe gehört fast die gesamte Nordsee an; an einer Stelle, der berühmten Doggerbank, liegt der Grund nur etwa 30—40 m unter Wasser. Hier bietet sich den Fischen ein besonders günstiger Laichplatz, hier treffen deshalb auch die Fischdampfer der angrenzenden Nationen zu ergiebigem Fang zusammen.

Entlang des südlichen Norwegens weist die Nordsee eine tiefere Rinne von 500—800 m Tiefe auf; diese zieht sich noch

ins Skagerrak hinein, während das Kattegat ein sehr flaches
Meer darstellt und darin der Ostsee mehr ähnelt als der Nordsee.

Weist die von der „Tuskarora“ gelotete und nach ihr benannte
„Tuskaroratiefe“ die stattliche Ausmessung von 8515 m und
die im Stillen Ozean unfern Guam im Karolinengraben vom
amerikanischen Kriegsschiff „Nero“ gelotete Tiefe sogar 9636
(bzw. 9644) m auf, so sind die Tiefenmaße für die Meere
unserer Küsten verhältnismäßig recht gering. Die Ostsee hat
nur 67, die Nordsee 89 m durchschnittliche Tiefe. Stellt man
die Ausdehnung der letzteren durch einen Bogen gewöhnliches
Schreibpapier dar, so wäre seine Dicke im Verhältnis zu seiner
Fläche immer noch zu groß.

Nord- und Ostsee bieten schließlich gute Beispiele für die
beiden Arten von unselbständigen Meeren oder Neben-
meeren. Aus praktischen Gründen hat man die Abgliederung
von den großen Ozeanen vorgenommen. Ein fast allseitig vom
Meere abgeschlossener Teil stellt, wie unsere Ostsee, ein Mittelmeer dar. Steht ein Meeresbecken mit dem freien Ozean in
Verbindung, ist es von letzterem abhängig und nur wenig
selbständig, so hat man es mit einem echten Randmeere, wie
bei der Nordsee, zu tun.

Nach angestellten Berechnungen ergibt sich schließlich aus der
ungleichartigen Verteilung von Meerestiefen und Bergeshöhen
folgendes interessante Resultat. Zögen sich alle festen Teile zu
einer Kugel zusammen, höben sich also die Tiefen und senkten
sich die Höhen der Erdkugel zur Form eines „ideal“ ausgebildeten Himmelskörpers, so würde die Wasserhülle, die ihn in entsprechend idealer Ausbildung bekleidete, die stattliche Tiefe von
etwa 2360 m aufweisen. Es wären das Maße, die etwa den
Erhebungen des norwegischen Fjeldplateaus entsprächen.

Die Benutzung des Lotes diente den Alten weniger dazu,
die Tiefe eines Gewässers festzustellen, als Aufschluß über die
Beschaffenheit des Meeresgrundes und damit über den

„Schiffsort" zu gewinnen. Herodot gibt bereits an, daß man beim Ansegeln des Nildeltas in der Entfernung einer Tagereise in 11 Faden Tiefe einen Schlick anträfe, der von den Wassern des Nils bis hierher mitgeführt sei, und in ähnlicher Weise wie damals wissen die heutigen Fischer unserer Nordseeküste sich nach derartigen Bodenproben zurechtzufinden. Selbst ohne astronomische Beobachtungen gibt ihnen das mit Talg bestrichene Bleilot Auskunft über die Beschaffenheit des Meeresgrundes und die Tiefe des Wassers an dieser Stelle, so daß sie ihren augenblicklichen Aufenthalt auf dem Meere und die Lage des Landes ermitteln können. Je nachdem Schlamm, Schlick oder Sand den Grund bilden, der Sand grobes oder feines Korn hat oder weiße, graue, schwarze oder rote Farbentöne aufweist, läßt er feinere und gröbere Unterschiede zu. Auch Steine von geringerer oder bemerkenswerter Größe, die dieser feineren Grundmasse beigemengt sind, geben dann wieder nach ihrer Färbung zu Unterscheidungen Veranlassung. Bereits in den „Seebüchern" aus dem 15. Jahrhundert findet man eine Reihe bemerkenswerter solcher Angaben und Winke. Derartige Notizen sind auch heute von hoher Bedeutung und werden durch besondere Abkürzungen auf den heutigen Seekarten angegeben.

Die flacheren europäischen Meere, wie Ost- und Nordsee, haben einen vorwiegend von Sand gebildeten Boden; ihm sind in dem östlichen Teile der Ostsee Steine der verschiedensten Größe beigemengt, in den nördlichen sind sogar solche von mehreren Kubikmetern Größe nicht selten anzutreffen. Zum kleineren Teile mögen sie wohl aus der Eiszeit herstammen, zum größeren werden sie jedes Jahr mit den Eisschollen von den Küsten her hinausgeschleppt. An und unter ihnen sind sie angefroren; je kleiner sie sind, desto weiter werden sie vom Lande fortgeführt. Der Umstand, daß versunkene Schiffe in diesen Meeresteilen mit größeren Steinen und Blöcken bepackt werden, bestätigt, daß ein derartiger Transport auch heute noch stattfindet.

Der südlichen Ostseeküste entlang stellen viele Steingründe freilich die Reste versunkener Inseln und Küstenpartien dar, dagegen fehlen solche lockeren Anhäufungen der Nordsee ganz. Die Hauptmasse besteht aus grobem Kies, während an einigen bestimmten Stellen der nackte Fels des Untergrundes bemerkbar wird, z. B. der Borkum=Riffgrund.

Erst als die Technik die verwendeten Lote entsprechend ver= änderte, konnte an ein Emporholen von Grundproben aus großen Meerestiefen gedacht werden. Das Brookesche Lot ist unten hohl und verschließt sich nach dem Aufstoßen auf dem Grunde mit einer Klappenvorrichtung; mit ihm ist aus der eigentlichen Tiefsee recht viel interessantes Material zutage ge= fördert worden. Dieses läßt sich allgemein in zwei Haupt= gruppen einteilen, je nachdem es den Küstengebieten entstammt, also zu den litoralen Sedimenten gehört oder eine eigent= liche Tiefseebildung darstellt.

Die ersteren leiten ihre Bezeichnung aus dem Lateinischen (litus = Strand) her. Zu ihnen gehören die weichen Schlick= bildungen, die nur gelegentlich durch Tonbeimengungen etwas festere Beschaffenheit annehmen; sie sind je nach den äußeren Umständen blau, grün oder rot gefärbt. Häufig sind im Schlick in mehr oder weniger gutem Erhaltungszustande Holzstücke, Früchte und Blätter von Gewächsen eingeschlossen; sie wurden von dem Flußwasser, das diese Bodenbildungen hauptsächlich veranlaßt, in die offene See hinausgeführt. — In vulkanischen Gegenden wird das Sediment selbstverständlich ganz besondere Eigentümlichkeiten besitzen, ebenso dort, wo die Flüsse in geolo= gischer Hinsicht besonders eigenartig ausgebildete Landstrecken durchströmen.

Die eigentlichen Tiefsee=Sedimente haben ebenfalls eine Einteilung erfahren; man muß bei ihnen unterscheiden, ob sie sich vorwiegend aus Schalen winziger Lebewesen aufbauen oder aus dem formlosen, festeren Tiefseetone bestehen. Da die Meere unserer Gestade derartige Bildungen nicht aufweisen, seien sie an dieser Stelle nur erwähnt.

Das Meerwasser.

Wo das Wasser des Meeres nicht allzusehr durch zu= fließende Ströme verdünnt ist, wie in der Nordsee, lohnt es sich, einen kleinen Versuch mit ihm anzustellen! Man fülle ein recht hohes Einmachglas und setze es an einen warmen Ort, damit es rasch verdunste. Dann scheidet sich nach einiger Zeit eine zarte Trübung aus, die sich auf dem Boden als dünne, weiße Decke absetzt. Es sind das die schwer löslichen Salze, die in dem Seewasser enthalten sind, Gips und tonige Stoffe. Bei ihrer Schwerlöslichkeit brauchen sie sehr viel Wasser, um sich verflüssigt zu halten. Wird durch das Verdunsten die von ihnen geforderte Menge des Lösungsmittels vermindert, so ist ihnen die Möglichkeit genommen, in Lösung zu bleiben: sie scheiden sich aus.

Lange Zeit bietet die Flüssigkeit im Glasgefäße dann nichts Neues. Erst wenn sie sich stark vermindert hat, setzt sich eine wasserklare Substanz, das Kochsalz, teilweise sogar in Kriställ= chen, ab. Lauschen wir weiter den Vorgängen, die sich vor unseren Augen abspielen, so wird unsere Geduld schließlich auf eine harte Probe gestellt. Brennt die Sonne stark auf das Glas, so scheint es, als ob schließlich alles Wasser abgedunstet sei, bleibt es dann im Schatten stehen, so wird der Bodensatz wieder feucht.

Dieser Vorgang wiederholt sich in demselben Glase bei dem gleichen Absatz beliebig oft. Die Veranlassung dazu geben die leichtlöslichen Salze, die im Seewasser enthalten sind und sich mit der geringsten Feuchtigkeitsmenge begnügen, um wieder eine

Lösung zu bilden. Deshalb verhindern sie ein endgültiges Aus-
und Abtrocknen der Absätze im Glase und lassen den Versuch
niemals zu einem ganz zufriedenstellenden Abschluß kommen.

Was wir im Glase sich abspielen sahen, vollzog sich im
Laufe der geologischen Zeiträume wiederholt im großen. So
entstanden unsere Salzlager, deren Material immer dem Meere
entstammt.

Vom süßen Wasser, dem „Frischwasser" des Seemanns,
unterscheidet sich das des Meeres daher durch seinen eigentümlichen, salzigen Geschmack, der auf das Vorhandensein gewisser
Salze zurückzuführen ist. Wird Meerwasser von verschiedenen
Orten untersucht, so zeigen die Schöpfproben, wenn sie nur
fern von Lande entnommen wurden, hinsichtlich dieser Salze
ein eigenartiges, gleichbleibendes Verhältnis. Beim Eindampfen
bleiben die gelösten Verbindungen zurück; unter ihnen bildet
das Kochsalz über $3/4$ des ganzen Rückstandes. Neben ihm sind
verhältnismäßig reichlich auch Magnesiumsalze vertreten (etwa
$1/6$); sie verleihen dem Meerwasser den eigentümlichen, wider-
lich bitteren Beigeschmack. Auch Gips ist in ihm noch in bemerkenswerter Menge (etwa $1/25$) enthalten. Die anderen gelösten Verbindungen treten wegen ihrer geringen Menge ganz
bedeutend zurück. Auch geringe Mengen von Silber und noch
geringere von Gold sind nachgewiesen worden.

Es ist eigenartig, daß bei den großen Mengen von kohlen-
saurem Kalk, den die Flüsse dem Meere dauernd zuführen, nur
so kleine Mengen von gelöstem schwefelsauren Kalke, d. h. Gips,
nachweisbar sind. Eine Erklärung dafür ergibt sich leicht aus
der Tatsache, daß die große Menge von Tieren, die hier zum
Aufbau von Schalen, Gehäusen, Panzern und Skeletten notwendig Kalk gebrauchen, ihn fortgesetzt aus seiner löslichen
Form bei ihrem Lebensprozeß in sich niederschlagen.

Der Salzgehalt beträgt auf 1000 g Meerwasser rund
32 bis 38 g (pro mille); er bedingt, daß es schwerer wie süßes

Wasser ist und 1 Liter etwa 1024 bis 1028 g wiegt, wenn unter gleichen Verhältnissen ein Liter Süßwasser nur 1000 g Gewicht hat. Legt man dieses letztere den Berechnungen und Messungen zugrunde, so beträgt das dem Meerwasser eigentümliche, sog. „spezifische Gewicht" 1,024 bis 1,028. In dieses Wasser wird eine aufrecht schwimmende Glasspindel, ein Aräometer, weniger tief eintauchen, wie in das leichtere Süßwasser. Je größer der Salzgehalt ist, desto höher wird sie in die Höhe gehoben, je geringer er ist, desto tiefer wird sie einsinken. Der lange, aufrecht emporragende Halsteil trägt eine Skala, an der man in der Höhe des Wasserspiegels genau das spezifische Gewicht ablesen kann. Auch eine äußerst genau arbeitende chemische Methode ist bekannt, die aber weniger für praktische als für wissenschaftliche Zwecke verwendbar ist. (Fig. 2.)

Fig. 2
Glasaräometer.
(Nach Krümmel.)

Der abweichende Salzgehalt der verschiedenen Wasserproben hängt davon ab, daß Flüsse und Regen dauernd eine starke Verdünnung veranlassen, während die Verdunstung allein reines Wasser in Dampfform entläßt und so eine Erhöhung des Salzgehaltes erzielt. Wo große Ströme sich in abgeschlossene Meeresbecken ergießen, ist in der Nähe der Küsten deshalb immer ein verhältnismäßig geringer Salzgehalt zu erwarten. Der offene Atlantische Ozean enthält auf 1000 Teile Wasser im Durchschnitt 35 Teile (pro mille) Salzgehalt, in der Nordsee sind nur noch 33, südlich von Helgoland — der Elbe- und Wesermündung gegenüber — nur 32. In der Ostsee ist der Salzgehalt noch geringer, und zwar um so mehr, je weiter man ostwärts geht. Im Skagerrak bei Skagen fast 19, im Kieler Hafen 16,5, nördlich von Rügen nur noch 8,6, in der Danziger Bucht 6,5, vor dem Bottnischen Meerbusen 4 und bei Kronstadt weniger als 1. Hier geht zur Zeit des schmelzenden Schnees der Salzgehalt sogar noch weiter herab, und es entsteht dabei ein Ober-

flächenwasser, das sogar zu Trinkzwecken verwendet werden konnte. In der Tiefe ist der Salzgehalt größer als an der Oberfläche, weil eine Vermischung des leichteren, salzfreien Wassers, das immer wieder hinzukommt, mit dem schweren, salzreicheren nur langsam erfolgt; in einer Tiefe über 30 m wurde am Boden nirgends unter 10 pro mille gefunden. — Im Gegensatz zu der steten Verdünnung des Seewassers durch Flußwasser und Niederschläge steht dann die erwähnte Verdunstung in den Passatregionen, die eine Steigerung des Salzgehaltes veranlaßt.

Die Tiere des Meeres verhalten sich diesem Salzgehalte gegenüber verschieden. Lachs, Aal und manche anderen Süßwasserfische vermögen in süßem wie in salzigem Wasser zu leben und unternehmen Wanderungen aus dem einen in das andere. Einige Flußfische, wie Hecht und Barsch, gewöhnen sich leicht an das Seewasser, andere wieder wandern, wie Flunder und Scholle, weit in die Mündungen der Flüsse hinein. Die Verbreitung der Tiere hat recht wesentlich mit dem Umstande zu rechnen, daß der östliche Teil unserer Meere fast ganz süßes Wasser enthält. Es wird mit dem Fortschreiten nach dieser Richtung der Artenreichtum und die Zahl der Tiere geringer, gleichzeitig nehmen dabei einige Arten an Größe ab und werden teilweise sogar zwergenhaft.

Die Kenntnis von der vertikalen Verteilung des Salzgehaltes hat in neuerer Zeit dadurch vermehrtes Interesse gewonnen, als man sie in praktischer Beziehung zu dem Aufenthalte verschiedener Nutzfische gebracht hat. Diese lassen sich, wie Hering, Kabeljau und Dorsch, besonders gern in Wasser von bestimmtem Salzgehalte und bestimmter Temperatur antreffen. Hieraus läßt es sich auch erklären, daß die Erträge der Heringsfischerei an den Küsten des westlichen Schwedens im Skagerrak und anderen großen Fischereiplätzen in den verschiedenen Jahren recht ungleich ausfielen. Wo der Fisch in dem einen Jahre in dichten Scharen zur Küste hindrängte, blieb er im darauf folgenden

vielleicht gänzlich fort. Diese Schwankungen hat man nunmehr
mit entsprechenden Änderungen in der Verteilung des Salz=
gehaltes im Wasser in Beziehung bringen können. — Die Ostsee
gibt einen großen Teil ihres Süßwassers als „Ostseestrom"
an die Nordsee ab. Er ist verhältnismäßig seicht und zieht
nordwärts durch die dänischen Sunde in das Kattegat und
Skagerrak, wobei er sich immer dicht an der Küste von Schweden
und Norwegen hält. Salzreiches Nordseewasser fließt unter
ihm und in entgegengesetzter Richtung dahin, und in diesem
leben die Heringsschwärme. Dieser Tiefstrom muß nun zu be=
stimmten Fangzeiten, besonders zur Laichzeit, auch die flachen
Küstenbänke, auf denen man allein mit Bequemlichkeit fischen
kann, bespülen und womöglich den Ostseestrom vollkommen ver=
drängen. In einem solchen Falle wird der Fang gut. Breitet
sich der Ostseestrom an der Oberfläche sehr weit aus und be=
sitzt er außerdem noch eine erhebliche Tiefe, so meidet der Fisch
die Bänke und hält sich auf freier See auf. Messungen über
die Ausdehnung und den zeitweiligen Verlauf dieser beiden
Strömungen erklären vollauf den ungleichen Erfolg in den ver=
schiedenen Jahren. Dabei dürften die eigenartigen Verände=
rungen in der Verteilung der Wasserarten im wesentlichen durch
die Windverhältnisse bestimmt sein. Starke Westwinde, besonders
die der Herbst= und Winterzeit, treiben das Wasser der Nordsee
weit in die Buchten des Skagerrak hin, während östliche Winde
das süßere Ostseewasser in reicherer Menge zur Nordsee ab=
fließen lassen.

Außer den Salzen sind im Seewasser noch Gase gelöst,
vorzugsweise die Bestandteile der Luft, welche zum Leben der
Meerestiere unbedingt notwendig ist, und ferner Kohlensäure,
wie sie beim Ausatmen entsteht. — Selterswasser und Cham=
pagner, zwei kohlensäurehaltige Flüssigkeiten, werden möglichst kalt
aufbewahrt, da die Erfahrung lehrt, daß gasförmige Körper sich
leichter in kalten als in warmen Flüssigkeiten lösen und gelöst

erhalten. Dementsprechend findet man, daß desto mehr Gase vom Wasser aufgenommen werden, je kälter es ist. Da ferner die Temperatur des Wassers mit der Tiefe fortgesetzt sinkt, so nimmt mit der Tiefe auch der Luftgehalt dauernd zu. Das erfolgt mit so großer Regelmäßigkeit, daß man in Proben von Bodenwasser die gleiche Luftmenge fand wie im Oberflächenwasser, wenn es bei gleicher Temperatur geschöpft wurde. Auch das Wasser in der Tiefe war also einmal mit der Luft in Berührung gekommen, und zwar an der Oberfläche kalter Regionen.

Die Luft, welche uns umgibt, besteht der Hauptmasse nach aus zwei Gasarten. Die eine, Sauerstoff, ist die eigentliche Lebensluft; ohne sie kann ein Leben nicht bestehen. Die andere heißt Stickstoff und dient nur zur Verdünnung der ersteren, die in unverdünntem Zustande viel zu lebhaft auf die Organe der Geschöpfe einwirken würde. Die Löslichkeit beider Gase ist aber im Wasser verschieden, und daher kommt es, daß in ganz reinem Wasser 30 bis 35 Teile Sauerstoff und 70 bis 65 Teile Stickstoff Aufnahme finden. Ähnliche Verhältnisse mit geringen Schwankungen wurden auch für das Oberflächenwasser des Meeres festgestellt. Für Tiefen unter 400 m treten dagegen Abänderungen ein.

Als eine weitere Eigentümlichkeit des Meerwassers ist noch hervorzuheben, daß es leichter als Flußwasser schäumt, und daß diese Erscheinung um so lebhafter auftritt, je höher der Salzgehalt ist; völlig reines Wasser schäumt nicht. Die Ursache der Schaumbildung ist unzweifelhaft in der größeren Schwere des Seewassers gegeben. Am schönsten lernt man diese Verschiedenheiten kennen, wenn man auf einem Segelboote aus dem Fluß in die See hinausfährt. Langsam beginnt dann das Rauschen und Zischen in den aufgestörten Wasserteilen und wächst immer kräftiger an, bis es seine größte Stärke erreicht hat. —

Eine wiederholt aufgeworfene und durchaus verschieden beantwortete Frage behandelt den Ursprung des Salzgehaltes.

Die Mehrzahl der Geologen ſcheint ſich nunmehr dafür zu ent=
ſcheiden, daß er bereits mit dem Entſtehen der Meere in ihnen
enthalten war, beſonders da die von den Flüſſen herbeigeführten
Waſſermengen äußerſt arm an Salz ſind.

Füllt man Röhren von mehreren Metern Länge mit See=
waſſer, ſo erſcheint dieſes beim Hindurchblicken in ſchön blau=
grüner Farbe. Der offene Ozean, die eigentliche Tiefſee, wird
von den Seeleuten deshalb auch wohl als das „blaue Waſſer"
bezeichnet. In einzelnen tiefen Meeren ſteigert ſich dieſe Farben=
wirkung bis zum ſchönſten Ultramarinblau. Nur zu häufig wird
in der Nähe des Strandes die eigentliche Färbung des Waſſers
ſtörend beeinflußt. Der Untergrund aus feinem, weißem Sand
blickt an der Oſtſee durch und veranlaßt eine flaſchengrüne
Tönung, feiner Schlamm ändert je nach der Menge, in der er
ſich dem Sande zugeſellt, die Färbung ins Olivgrüne bis ins
Blaugrüne ab. Auch das Wetter wirkt auf dieſe Farbentöne
verändernd ein, ſo daß eine Reihe von Urſachen vorliegt, in dem
gleichen Gebiete verſchiedene Stufen einer zwiſchen Blau, Grün
und Grau ſich bewegenden Farbenſkala neben= und nacheinander
auftreten zu laſſen.

Die normal zwiſchen Blau und Grün liegende Farbe des
Seewaſſers kann aber durch beigemengte, färbende Körper ſehr
beeinflußt werden. Von den Strömen mitgeführte trübende
Erdteilchen, kleine und winzige Tierchen und Pflänzchen kommen
hier in Betracht. In den Haffs taucht z. B. zur Sommerzeit
faſt regelmäßig die ſog. Seeblüte auf. Viele winzige Pflänz=
chen haben die Oberfläche des Waſſers aufgeſucht und trüben
die Fluten, wodurch ſie das Ganze in ein mehr oder weniger
lichtes Grün kleiden.

Unter beſonders günſtigen Bedingungen vermögen die Sonnen=
ſtrahlen bis zu einer Tiefe von etwa 500 m in das Meerwaſſer
einzudringen. So tief wird wohl auch ihre Wärmewirkung ſein;
durch Leitung iſt eine weitere Fortpflanzung kaum zu erwarten,

da Wasser eine solche kaum bewirken kann. Da sind es vor=
nehmlich die kräftigen Wellen des sturmbewegten Meeres, die
eine Wärmeverteilung in die Tiefe vornehmen. In tropischen
Meeren, wo die senkrecht auf das Wasser einwirkenden Strahlen
weit abwärts wirksam sind, findet eine weitergehende Durch=
wärmung statt. In diesen Gebieten sinken außerdem infolge
der kräftigen Verdunstung an der Oberfläche die wasserärmeren
und daher durch den größeren Salzreichtum schwereren Teilchen
zum Boden und führen Wärme von der Oberfläche mit sich
hinab.

Außer der räumlichen Verteilung der Temperaturen des
Wassers ist noch eine andere von Bedeutung, welche die senk=
rechte Verteilung innerhalb der Wasserbecken behandelt, die
Wärmeschichtung der Meere. Die ersten Untersuchungen in
dieser Richtung stammen bereits aus dem Jahre 1749, doch waren
die verwendeten Instrumente nach unserer heutigen Auffassung
damals noch recht primitiv, und darauf ist wohl auch der wenig
günstige Erfolg beim Ermitteln der Temperatur zurückzuführen.
Die gefundenen Zahlen riefen großes Erstaunen hervor und
ließen sich nicht mit den Versuchen in Zusammenhang bringen.
Die Physik fand dann auch ein eigenartiges Gesetz, das so
recht den Unterschied zwischen süßem und salzigem Wasser zeigte.
Bei beiden ziehen sich die Teilchen freilich in der Kälte zu=
sammen, so daß sie schwerer werden. Während nun aber bei
+ 4° C diese Zunahme für Süßwasser aufhört und bei weiterer
Abkühlung das spezifische Gewicht wieder zunimmt, fährt Salz=
wasser in seiner Verdichtung fort. Seine größte Dichte, d. h.
sein höchstes spezifisches Gewicht, liegt unterhalb 0°, und zwar
um so tiefer, je größer sein Salzgehalt ist.

Erst als der englische Dampfer „Lightning" seine Unter=
suchungen mit Hilfe von Thermometern vornahm, die gegen
den Druck des Wassers gut geschützt waren, erhielt man brauch=
bare Messungen. Diese wurden durch ausgesandte Expeditions=

schiffe in der Folgezeit erhärtet, und damit festgestellt, daß die Behauptungen der Physiker und frühere abweichende Beobachtungen das Richtige getroffen hatten.

Der günstige Erfolg der Expeditionen war hauptsächlich durch die Vervollkommnung der verwendeten Thermometer erreicht worden. Ein solches Instrument hat in den Tiefen des Gewässers nach zwei Richtungen hin einwandfrei zu arbeiten, einmal die Temperatur, in der es sich befindet, sicher anzuzeigen und ferner gegen die Druckwirkungen der Wassermassen unempfindlich zu bleiben. Instrumente, die beiden Forderungen in unbegrenztem Maße entsprechen, hat man freilich auch heute noch nicht. Die bereits verwendeten geben in der Hand eines geschulten Beobachters aber immerhin recht wertvolle Resultate.

Für Messungen in geringen Tiefen, wie sie in der flachen Ost- und Nordsee vorliegen, wird mit Vorteil ein Thermometer benutzt, das mit Hartgummi umgossen ist. Durch diese Hülle hindurch kann es nur ganz langsam die Temperatur seiner Umgebung annehmen, besonders da sie um die Kugel mit Quecksilber besonders dick gemacht ist. Hier ist sie 25 mm stark gegenüber der anderen Bekleidung von nur 10 mm; nur ein schmaler Schlitz über der Skala gestattet ein Ablesen auf ihr. Das so beschaffene Thermometer ist außerdem von einer Messingröhre umhüllt und wird an einer Schnur von einer festen Station aus in die Tiefe gesenkt. Hier bleibt es wenigstens eine Stunde, bevor man es hochzieht und die Ablesung vornimmt. — Dem Studium größerer Meerestiefen auf freiem Ozean dienen verwickelter gebaute Apparate. Zur Untersuchung der Temperaturen in verschiedenen Tiefen befestigt man sie meist in 200 m Abstand an der Leine und gewinnt so gleichzeitig eine ganze Reihe von Messungen. Die mittlere Temperatur der gesamten Meeresdecke beträgt nach diesen Ermittelungen im Durchschnitt nicht ganz 4° C.

Die Nordsee besitzt an der Oberfläche äußerst schwankende

Temperaturen. Vor dem Kanal beträgt der Unterschied zwischen der kältesten und der wärmsten Temperatur 7,5°, bei den Shetland=Inseln sogar nur 5°; an der deutschen Küste, nörd= lich der Emsmündung beläuft er sich nach Otto Krümmel be= reits auf 15,4 und bei Helgoland auf 14,3°. — Im Sommer sind die flachsten Teile im äußersten Südosten, im sog. Watten= meere, am wärmsten, im Winter dagegen das Meer nördlich von Schottland, wo die Temperatur des Golfstroms sich dann bemerkbar macht. — Je flacher der Boden der Nordsee ist, desto größer sind dort die Temperaturschwankungen; dagegen zeigt das Wasser des tiefen Skagerrak bei 90 m nur ein jähr= liches Auf= und Niedergehen der Temperatur um 0,3°, und diese Abänderung verschwindet bei 190 m ganz. Die Boden= temperatur beträgt dort auch in den größten Tiefen (580 m) unveränderlich im Laufe der Jahre 5°. Das ist 4,5° höher als die mittlere Temperatur der Luft im Januar selbst. Diese Gleichmäßigkeit der Temperatur wird durch eine sehr schwache Strömung von ozeanischem Wasser reguliert, die von den Shet= land=Inseln an der Ostseeküste Schottlands südlich verläuft und innerhalb der Nordsee in Ringform wieder zurückfließt.

Noch weitgehender sind die Temperaturschwankungen in der Ostsee. An der Oberfläche der Kieler Bucht betragen sie — 1° und + 22,5°, in der Tiefe von 9 m 0° und 16,5°, bei 20 m 0° und 14,5°. Im Winter nimmt die Temperatur mit der Tiefe zu, da der Salzgehalt in ihr viel höher ist als in den oberen Schichten. So wurde sie hier bei 29 m im Winter durchschnittlich 2¼° wärmer gefunden als an der Oberfläche, im Sommer war das Wasser in der Tiefe dagegen 9,8° kälter als an dieser. Ein ähnliches Verhalten zeigen die Unter= suchungen an anderen Orten der Küste. Dagegen scheinen die Beziehungen auf und in der freien Ostsee weniger klar zu liegen.

Beobachtungen, die bei Hela in der Danziger Bucht an= gestellt wurden und sich über 22 Jahre hin erstrecken, ergaben für die Oberflächentemperatur ein Jahresmittel von 8,54°. Wie die für diesen Zeitraum gefundenen Zahlenwerte zeigen, sind sie für die einzelnen Jahre größer als die der gleichzeitigen Lufttemperatur. Daher ist das Klima des Wassers im Ostsee= gebiete und auch an anderen Stellen der Wasserkante gleich= mäßiger als das der Atmosphäre. Diese Aufspeicherung von Wärme macht sich besonders im Spätherbste an der Küste an= genehm bemerkbar.

Die Wärmeverteilung in der Meeresoberfläche ist vorzugs= weise in der ungewöhnlich großen spezifischen Wärme oder die Wärmekapazität des Wassers bedingt. Es erwärmt sich im Vergleich zu anderen Substanzen nämlich außerordentlich schwer, ebenso erkaltet es aber auch verhältnismäßig langsam, d. h. es gibt auf lange Zeiten große Wärmemengen ab. Die Wärmekapazität des Salzwassers ist aber fast die gleiche wie die des süßen. Die Berechnung ergibt, daß bei der Abkühlung eines Kubikmeters Meerwasser um 1° C die Temperatur von mehr als 3000 Kubikmeter Luft um die gleiche Größe sich erhöht. Hieraus erklären sich die sehr geringen Schwankungen, welche die Temperatur des Oberflächenwassers im Laufe der Tage und Jahre erfährt. Das Meerwasser zeigt sich bei jeder Wärmeänderung innerhalb 24 Stunden sehr träge, selbst in den gemäßigten Tropen überschreitet der Temperaturunterschied im wärmsten und kältesten Monat kaum 8°. Damit hängt es auch zusammen, daß die Maxima und Minima der Erwärmung viel später auf dem Meere als auf dem Festlande eintreten. Die erstere macht sich im Februar oder März, die letztere im August oder September bemerkbar.

Wo Luft und Wasser am Meeresspiegel zusammentreffen, beide also fast dieselbe Temperatur angenommen haben, ist die erstere bei uns im Durchschnitt um 0,8° kälter als das Wasser der Oberfläche. Je mehr man sich von dieser Grenze entfernt, desto mehr nimmt die Temperatur nach beiden Richtungen hin ab. — Iſt das Waſſer ſehr warm, ſo veranlaſſen eiskalte Winde, die darüber hinwegſtreichen, ein Dampfen („Rauchen“) der See; iſt dagegen das Waſſer viel kälter als die Luft, z. B. in der Nähe kalter Meeresſtrömungen, ſo bilden ſich über ihm Nebel. Eine ähnliche Erſcheinung kann man an kalten Herbſtmorgen auch an Binnenſeen öfter beobachten. Die feinen Nebel= und Waſſertröpfchen bilden ſich hierbei in gleicher Weiſe wie bei dem hochreichenden Nebel im eigentlichen Sinne. Ihn kann man wohl als eine Wolke betrachten, welche ſich in den unteren Schichten des Luftmeeres hält.

Bei dem flachen Waſſer am Strande findet die Erwärmung in der Weiſe ſtatt, daß die Sonne den Untergrund erwärmt, und dieſer ſeine Wärme wieder an das Waſſer über ihm ab= gibt. In geringer Entfernung von der Waſſerkante wird das Waſſer bereits viel kühler ſein als in ihrer unmittelbaren Nähe, weil die zurückgeſtrahlte Wärme ſich auf eine größere Maſſe der zu erwärmenden Flüſſigkeit verteilen muß. Hat dagegen ſtarke See gewaltige Mengen von Seepflanzen angeſpült, ſo ändert ſich dieſe Erſcheinung ab. Außer den Wällen von angeſpültem Material, die überall den Strand umſäumen, bewegt ſich be= ſonders nach Abflauen des Windes noch ein großer Teil im Waſſer hin und her, ohne zur Ruhe zu kommen. Fetzen und Stückchen hiervon, zuſammen mit den Zerſetzungsprodukten der ausgeworfenen Reſte, machen das Waſſer undurchſichtig und halten die Sonnenſtrahlen, die ſonſt den Untergrund erreichen würden, auf. Die Verteilung der abgegebenen Sonnenwärme wird hierdurch auf das ſeichte Waſſer beſchränkt, ſo daß dieſes ungewöhnlich warm erſcheint.

Wo das Waſſer in der Tiefe erheblich ſalziger iſt als an der Oberfläche, kann bei der Abkühlung während des Winters das obere ſeine Dichte und damit ſein Gewicht erhöhen, ohne daß es ſchwerer wird als das ſalzreichere und vielleicht wärmere. Das Oberflächenwaſſer kann dann nicht bis auf den Meeres=

grund hinabsinken, sondern bleibt dann in einer gewissen Tiefe hängen. Vom Frühling bis zum Herbste schiebt sich unter solchen Umständen zwischen das wärmere Wasser an der Oberfläche und den tieferen Partien eine Schicht kälteren Wassers ein. In der deutschen Ostsee, deren salzreicheres Wasser aus der Nordsee herstammt, findet man deshalb vielfach eine derartige vertikale Temperaturverteilung.

Bei ablandigen Winden tritt gelegentlich — wie auch bei großen Süßwasserseen — eine Erscheinung auf, die man als Auftrieb bezeichnet. Der vom Lande her wehende Wind führt das Oberflächenwasser mit sich fort, und kühleres aus der Tiefe wird bei dieser Bewegung in die Höhe gesaugt. Die Verminderung der Wasserwärme tritt auch in manchen Seebädern auf. Ein immerhin seltener

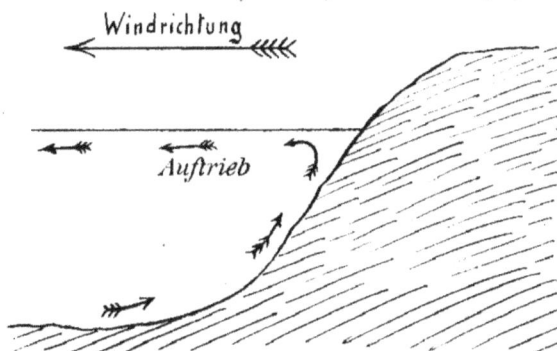

Fig. 3. Auftrieb. — Der Landwind treibt das Wasser der Oberfläche vom Ufer fort; kühleres aus der Tiefe tritt an dessen Stelle. (Nach Schott.)

Fall, der da zeigt, wieweit eine derartige Abkühlung erfolgen kann, läßt sich vom Ostseebad Westerplatte an der Danziger Bucht aus dem Jahre 1889 anführen. Damals herrschte im Juni eine gewaltige Hitze bis zu 33° C, und ein derartiger Auftrieb ersetzte damals innerhalb weniger Stunden das Wasser von 23° Temperatur durch solches von 6°, brachte also einen Temperatursturz von 17° zuwege. (Fig. 3.)

Ansammlungen von stark salzhaltigem, schwerem und kaltem Wasser an tiefen Stellen des Bodens rühren von einer in der Gegenwart erfolgten Zuführung salzigeren Wassers von den Belten und dem Sunde dicht am Boden her. Findet doch an den westlichen Zugangsstraßen dauernd ein Abfließen von

leichtem, weniger ſalzhaltigem Oſtſeewaſſer in den oberen Teilen
und ein Zuſtrömen von ſtark ſalzigem Waſſer der Nordſee in
der Tiefe ſtatt. Bei Gelegenheit der Terminfahrten aus Anlaß
der internationalen Erforſchung der deutſchen Meere hat ſolch
ein oſtwärts vordringender Nordſee=Unterſtrom bis in die
Bodenſenke der Danziger Bucht hinein verfolgt werden können.

Je geringer der Salzgehalt des Meerwaſſers iſt, deſto
ſchneller gefriert es. Daher bedecken ſich die Buchten Schles=
wigs an der Oſtſeeküſte bei gleicher Temperaturerniedrigung
ſchneller mit Eis als die zum Gebiete der Nordſee gehörigen,
gegenüberliegenden Watten. Bei den arktiſchen Meeresteilen
erfolgt das Gefrieren erſt bei mindeſtens —2,5°. Es ſoll in der
Weiſe beginnen, daß zuerſt einzelne Nadeln zuſammenſchießen;
dieſe haben noch keinen Zuſammenhang, bilden dann aber einen
dicken Brei und ſchließlich eine Eisdecke, biegſam wie Leder,
ſo daß ſie bei einer Dicke von 1 cm die Wellen unter ſich dahin
rollen läßt, ohne zu reißen. Dieſe Nachgiebigkeit behält das
Eis auch vorläufig noch bei, wenn es dicker wird.

Wenn bei ſehr großer Kälte die Eisdecke zerſpringt, ſo dringt
Waſſer in den Spalten empor und gefriert ſchnell. In dieſem
beſonderen Falle wird faſt alles gelöſte Salz beim Erſtarren
eingeſchloſſen. Vollzieht ſich der Vorgang wie gewöhnlich lang=
ſamer, ſo bildet ſich eine nur wenige Zentimeter dicke, ober=
flächliche Schicht aus ſalzhaltigem Eis, das darunter liegende
iſt von derartigen gelöſten Stoffen faſt ganz frei. Dieſe werden
im Augenblicke des Gefrierens von den Waſſerteilchen an die
unter ihnen liegenden abgegeben. Die Vergrößerung des Salz=
gehaltes und die Verdickung der ſchlecht leitenden Eisdecke be=
wirkt, daß das Wachſen der Eisdecke in die Dicke immer lang=
ſamer erfolgt. Dieſe Angaben beziehen ſich vorzugsweiſe auf
die Bildung des Eiſes in den Polarmeeren. Statt der gewal=
tigen Eisberge, die uns aus jenen Gebieten beſchrieben werden
und den dortigen Gletſchern entſtammen, bildet ſich zur Zeit

der Eis- und Schneeschmelze an unseren Küsten aus den er-
starrten Schollen der Uferränder und solchen, die stromabwärts
getrieben werden, bei Seewind eine breite Mauer, die bei großem
Reichtum an derartigem Baumaterial und bei stürmischem
Wetter ganz bedeutende Höhen erreichen kann. Derartige Bildungen entsprechen dem Packeis der Polarfahrer. Anderer-

Fig. 4. Eisschiebungen am Ufer des Kurischen Haffs, 7 m hoch. (Ernst Ander-Ruß phot.)

seits bezeichnet man mit diesem Namen überhaupt große Massen
von Meereis in der Nähe der Küsten, wenn sie diese völlig
blockieren und keinem Schiffe die Durchfahrt gestatten. (Fig. 4.)

Die Bewegungen des Meeres.

Unter den rauschenden Wipfeln des Waldes und bei den
rauschenden Wellen des Meeres sucht und findet der nerven-
schwache Stadtmensch Genesung und neue Kraft. Die Natur
spricht hier zu ihm in so gewaltigen Tönen und bietet seinem

nimmerraſtenden Hirne ſo viel abwechſelnde Eindrücke, daß es bei aller Ruhe doch ſtets in Tätigkeit bleibt und trotz des dauernden Verweilens an derſelben Stelle vollauf Beſchäftigung findet.

Die Geſamtoberfläche unſerer Erde wird über $5/8$, ja faſt zu $3/4$, von der Meeresflut bedeckt. Da eine tatſächliche Ruhe auf ihrer Oberfläche wohl kaum und nur an beſtimmten Stellen eintritt, ſo ſtellen die Wellen von allen Oberflächenformen der Erdkugel die verbreitetſte Oberflächenform dar. — Bis vor etwa 20 Jahren war nur wenig darüber bekannt, wie der Wind die Meereswellen entſtehen läßt, und bis heute ſind ihre Formen noch ſehr wenig erforſcht.

Nun bildet jede Waſſermaſſe im Zuſtande vollkommenſter Ruhe eine durchaus horizontale Fläche. Wird das beſtehende

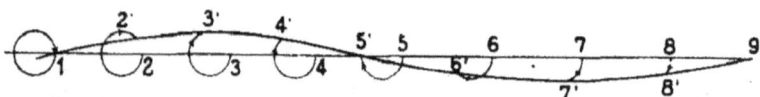

Fig. 5. Orbitalbewegung in einer Welle.
(Aus Otto Baſchin: Die Wellen des Meeres.)

Gleichgewicht aber an irgendeiner Stelle, z. B. durch einen hineingeworfenen Stein, geſtört, ſo breiten ſich von ihr mit gleichförmiger Geſchwindigkeit Wellen nach allen Richtungen aus. Kreisförmige Bildungen von Bergen und Tälern folgen verhältnismäßig raſch aufeinander, verlieren dabei nach und nach von ihrer Höhe und verlieren ſich ſchließlich ganz. Während die Wellenbewegung aber fortſchreitet, bleiben die Waſſerteilchen ſelbſt an Ort und Stelle und führen unter einfachen Verhält=niſſen eine regelmäßige Kreisbewegung aus. In derſelben Zeit, in der die Welle um ihre Länge vorrückt, iſt auch die Bahn des Waſſerteilchens durchlaufen. Dieſe oſzillierende (ſchwin=gende) Bewegung wird deshalb auch als Orbital= (Kreis=) Bewegung bezeichnet. Die nebenſtehende Figur ſoll dieſe Ver=hältniſſe erläutern. Die Welle ſoll in dieſem Falle von links nach rechts fortschreiten; in der Ruhelage liegen die Punkte 1 bis 8 in der horizontalen Oberfläche des Wassers, bei Eintritt der Wellenbewegung geben sie vorläufig ihre bisherige Lage auf und nehmen die durch 1' bis 8' bezeichnete ein, wobei sie sich auf den durch die Pfeile angedeuteten Bahnen bewegen. (Fig. 5.)

Mit Wellenlänge bezeichnet man die wagerechte Entfernung eines beliebigen Punktes einer Welle von dem entsprechenden der nächstfolgenden, z. B. diese Entfernung vom Gipfel eines Wellenberges bis zu dem nächsten Gipfel AD. Die Wellenhöhe ist dagegen der senkrechte Abstand von dem höchsten Punkte eines Wellenberges bis zu dem tiefsten des Wellentales, d. h. CD und AB. Die geringe Wassertiefe in der Nähe der Küste und Unregelmäßigkeiten in der Uferbildung wirken störend auf das eigentliche Bild der Welle. Um genaue Messungen anzustellen, muß man des-

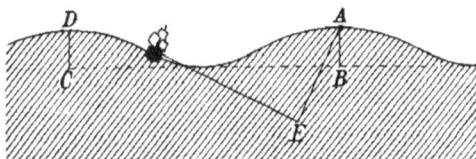

Fig. 6. Ausmessungen einer Welle. (Nach Baschin.)

halb das tiefere und freiere Wasser aufsuchen, wo man Höhe und Länge der Wellen und ferner ihre Geschwindigkeit unbeeinflußt studieren kann. Freilich bietet hier das Schiff, das an der Wellenbewegung selbst teilnimmt, einen wenig geeigneten Ort zum Anstellen scharfer Messungen. (Fig. 6.)

Verhältnismäßig einfach ist die Bestimmung der Wellenlänge. Dazu läßt man das Schiff der Länge nach in der Fortpflanzungsrichtung der Wellen still liegen und bestimmt die Zeit, die vergeht, bis die Welle am Schiffe dahingelaufen ist. Die Schiffslänge ist jetzt nur durch die Zahl der verflossenen Sekunden zu dividieren, und die Geschwindigkeit der Welle dadurch in Metern für eine Sekunde ermittelt. Leider ergeben sich Ungenauigkeiten bei dieser Methode dadurch, daß man auf hoher See nur schwierig feststellen kann, ob das Schiff nicht etwa treibt.

Schwieriger ist es dagegen, die Höhe der Wellen zu messen.

Bei kleinen Wellen lassen sich an der Schiffswand leicht die gesuchten Werte abschätzen, bei größeren Wellen, die das Fahrzeug selbst heben und senken, kommt man auf diese Weise aber zu keinem Ziele. Man sucht sich dann in der Weise zu helfen, daß man am Maste so weit emporsteigt, daß man über den Gipfel der umgebenden Wellenberge gerade den des nächstfolgenden Berges sich emporwölben sieht. In dem Augenblick, wo das Schiff dann gerade seinen tiefsten Punkt erreicht hat, ist die senkrechte Entfernung des Auges über dem Wasserspiegel des Wellentals ungefähr gleich der Wellenhöhe. (Fig. 7.)

Da man das Barometer zur Bestimmung von Bergeshöhen über dem Meeresspiegel bereits mit Vorteil verwendet hatte, lag es nahe, auch dieses Hilfsmittel bei den Untersuchungen

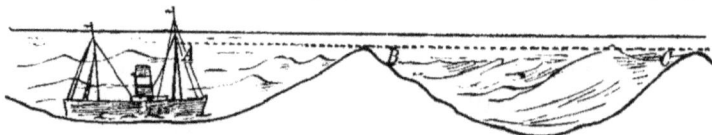

Fig. 7. Schätzung der Höhe größerer Wellen. (Nach Baschin.)

heranzuziehen. Man verwendet deshalb heute sog. Trocken- oder Aneroidbarometer mit feiner Teilung in solchen Fällen, wo hohe Wellen das Schiff um ihre eigene Höhe heben und senken. Aus dem Steigen und Sinken des Luftdrucks vermag man dann nach bekannten Formeln die Höhe der Wellen zu berechnen.

Da ein Fahrzeug auf dem Wellenberge kaum ebenso tief eintaucht wie im Wellentale, so ist auch diese Methode nicht einwandfrei. Man hat sich deshalb in letzter Zeit einer anderen zugewendet, die mit großer Schärfe die gewünschten Werte liefert; es ist das die photogrammetrische Methode.

Wenn man von zwei Punkten aus mit besonders eingerichteten photographischen Apparaten von demselben Gegenstande Aufnahmen macht, so erhält man zwei verschiedene Ansichten etwa von der Art, wie sie auf den Bildern eines Stereoskops nebeneinander geklebt sind. Mißt man die entsprechenden Punkte auf beiden photographischen Platten genau, so kann man deren Lage im Raume genau festlegen. Mit Hilfe dieser Methode hat man aus Landesaufnahmen Landkarten und aus Gebäude= aufnahmen die Pläne dieser Bauwerke konstruiert, Form und Höhe der Wolken gemessen und auch in der Astronomie nennens= werte Erfolge erzielt. Bei ruhenden Gegenständen können der= artige Aufnahmen nacheinander gemacht werden, bei beweglichen — wie bei den Wellen — ist dagegen die gleichzeitige photo= graphische Aufnahme erforderlich.

Derartige Photographien von Meereswellen wurden im Jahre 1904 auf Veranlassung der Kaiserlichen Marine zum ersten Male angefertigt; die daraus konstruierte kartographische Darstellung erinnert in hohem Maße an eine sog. Höhenkarte, auf der die Punkte gleicher Höhe — in diesem Falle in Ab= ständen von 5 zu 5 cm — miteinander verbunden sind.

Messungen, die auf diese Weise in den verschiedensten Meeren angestellt wurden, zeigten zur Genüge, wie wenig wertvoll die früher angestellten Untersuchungen waren. Die haushohen Wellen, von denen gesprochen wurde, schrumpften erheblich zu= sammen; gibt es doch unter alten, erfahrenen Seeleuten nur wenige, die jemals solche von mehr als 12 m Höhe sahen. Diese Überschätzung ist darauf zurückzuführen, daß das Deck des Schiffes, von dem aus die meisten ihre Beobachtungen anstellen, bei bewegter See meist eine schräge Lage innehat. Da man es in der Regel als horizontal liegend kennt, bleibt man auch nun bei dieser Vorstellung und läßt sich bei seinen Schätzungen durch diese falsche Voraussetzung beeinflussen. Die Höhe des Wellen= berges AB wird in solchem Falle nicht senkrecht über CB, sondern als AE aufgefaßt (vgl. Fig. 6). — Wellen über 6 m Höhe sind auf den gewöhnlichen Fahrstraßen des Meeres, z. B. in der Nordsee, verhältnismäßig selten; über 10 m hohe gehören bereits zu den Ausnahmen.

Die ruhig dahinrollenden hohen Wellen des offenen Meeres erwecken in dem erfahrenen Seemann kaum das Gefühl der Besorgnis, anders ist es mit den sehr unregelmäßigen und nur niedrigen Wellenformen in sich abgeschlossener Meeresteile; sie können dem Schiffe recht gefährlich werden. Da bei ihnen steter Wechsel eintritt, ist nur wenig über ihre Form bekannt, und das photogrammetrische Verfahren liefert von ihnen ein Bild, das von einem Uneingeweihten etwa für eine ganz unregelmäßige Hügellandschaft gehalten werden könnte.

Der auf solche Weise gewonnene Eindruck steht scheinbar in Widerspruch mit dem, was die Wissenschaft lehrt. Nach ihr ist die Wellenform eine sog. Trochoide, d. h. eine Linie, die bei der Bewegung eines Kreises entsteht. Diese kann man sich derart entstanden denken, daß man in ein Rad oder eine Scheibe einen Nagel schlägt und bei dem Rollen des runden Körpers auf dem ebenen Boden den Weg des Nagels in der vertikalen Ebene aufzeichnet. Die so hervorgehende Kurve ändert ab, je nachdem die Marke sich mehr oder weniger weit vom Mittelpunkte entfernt befindet; im letzteren Falle sind die entstehenden Formen viel steiler als in ersterem. Es ergibt sich also bereits aus dieser Entstehungsweise eine reiche Auswahl für die möglichen Ausbildungen der Kurve. Auch hier haben Konstruktionen nach photogrammetrischen Aufnahmen die Tatsache festgestellt, daß Meereswellen Formen aufweisen, die kaum irgendwelche Ähnlichkeit mit einer Trochoide aufweisen. Dieser scheinbare Widerspruch von Theorie und Tatsache erklärt sich daraus, daß die erstere nur die einfachsten Verhältnisse behandelt. Sie geht von der Grundform aus, und diese erinnert in der Tat an eine Trochoide.

Diese ideale Wellenform erfährt aber sofort eine Veränderung, wenn zu einem Wellensystem ein zweites hinzutritt. Wirft man in stehendes Wasser einen Stein und an eine benachbarte Stelle einen zweiten, so gehen von jeder eigene Wellensyſteme aus. Wo die Wellen mit ihren Bergen aufeinander treffen, entſtehen ſolche von beſonders ausgeprägter Höhe, Wellentäler bilden miteinander ſolche von beſonderer Tiefe. Wellenberge und Wellentäler von gleicher Höhe heben ſich da= gegen beim Zuſammentreffen in ihrer Wirkung auf. Dieſer Vorgang der Addition von Wellenhöhen bzw. Wellentälern einerſeits und der gegenſeitigen Verminderung von Berg und Tal andererſeits bezeichnet man als Interferenz. (Fig. 8.)

Solche Interferenzen können die Oberfläche des Meeres in ein wildes Durcheinander verwandeln, dem jede Regelmäßigkeit fehlt und dem gegen= über ſelbſt der Führer des Schif= fes ratlos gegen= überſteht. Sein Beſtreben, die Be= wegung des Fahr= zeugs den Ver= hältniſſen des Meeres anzu= paſſen, verſagt; den unregelmäßi=

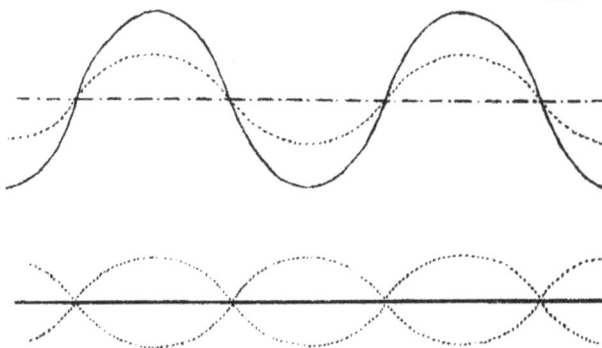

Fig. 8. Interferenz. — In der oberen Figur liegen zwei punk· tierte Wellenlinien ſo übereinander, daß ſie ſich decken; es ent· ſteht eine Welle von doppelter Höhe. In der unteren Figur heben ſich die beiden punktierten Wellen auf.

gen Wogenmaſſen gegenüber laſſen alle bewährten Hilfsmittel im Stich. Ein derartiges Chaos wirkt auf die Verbände der Schiffsteile ſtark lockernd ein, und manch älteres Schiff fand daher in ſolchem Wellentanze ſein Verderben. Bedeutet das Meer das Fundament unſerer geſamten Flotte, ſo iſt es ver= ſtändlich, daß die Bautechnik und die Kaiſerliche Marine dem Studium der Wellen mit großem Eifer obliegen.

Als Erreger der Wellenbewegung hat man wohl immer den Wind angeſehen. Bis vor wenigen Jahren gingen die Anſichten über die Erregungsart der Waſſeroberfläche recht er= heblich auseinander, die wirkliche Urſache iſt aber erſt durch

Hermann v. Helmholtz gegeben. Wie er vor etwa 20 Jahren
nachwies, entsteht eine derartige Bildung überall dort, wo zwei
bewegliche Stoffe mit verschiedener Geschwindigkeit sich über=
einander bewegen, an der Grenzfläche. Nicht allein das Zu=
standekommen der Meereswellen, auch das der wellenförmigen
Formen des Landes — besonders in Dünengebieten — wird
durch die Theorie dieses deutschen Forschers durchaus und ohne
Widerspruch erklärt.

Bei den Wogen des Meeres handelt es sich um die Ein=
wirkung der bewegten Luft auf das Wasser. Streicht Wind
über die Oberfläche des Wassers dahin, so erfährt der bisher
auf dem Wasser lastende Druck der Luft kleine Verschiedenheiten;
diese machen sich in gleichen Entfernungen voneinander und
zwar in der Windrichtung bemerkbar. Wo der Luftdruck ge=
ringer wurde, steigt das Wasser, wo er sich verstärkte, sinkt es.
So entstehen Wellenberge und Wellentäler, deren Größe schnell
zunimmt, da der Wind einen erheblichen Teil seiner Energie
dem Wasser mitteilt.

Der Luftstrom findet an dem Wasser Widerstand und Rei=
bung. Er selbst befindet sich nach v. Helmholtz in einem
labilen Zustande, gibt also leicht seine Richtung auf und ist stets
bestrebt, in eine Schlangenlinie überzugehen, „weil er da im
Zustand kleinerer Energie ist“. An der Grenze des Wassers
zieht er deshalb nicht geradlinig dahin, sondern bildet eine von
rückläufigen Kreisen unterbrochene Kurve. Wo die Wirbel auf=
steigen, ist die Bewegung gleich Null, hier tritt eine Anhäu=
fung der Wasserteilchen ein, welche die horizontal wirkenden
Wirbelteile aus ihrer Lage bewegten. (Fig. 9.)

Jeder Geschwindigkeit des Windes entspricht eine bestimmte
Wellenhöhe, über die hinaus eine Zunahme nicht weiter mög=
lich ist. Ist sie erreicht, so liegt ein System von regelmäßigen,
periodischen Schwingungen vor, das Helmholtz als statio=
näres Wogensystem bezeichnet. Nur wo gleich gerichteter

und gleich starker Wind längere Zeit hindurch wirksam ist, kann ein solches zur Ausbildung kommen; das ist jedoch fast nie der Fall.

Falls ein derartiges System besteht, wird jede einsetzende Änderung in der Geschwindigkeit des Windes auf der Oberfläche der dahinziehenden Wogen ein neues System von kleineren Wellen hervorrufen. Bei jeder Änderung in der Windrichtung wird aber ein neues Wogensystem ausgebildet; dadurch ist Gelegenheit zur Bildung von Interferenzen geboten, die recht hohe Maße erreichen können. Durch derartige Abänderungen entstehen überaus viele Formen, deren Studium meist noch in den Anfängen liegt.

Ein eigentümlicher Fall ist der, daß die Änderung in der Form in eine völlige Auflösung des Wasserberges ausläuft. Ferner weiß man, daß die Welle bei ihrem Anprall an eine

Fig. 9. Wellenbildung. (Nach Geinitz.)

Mole oder eine Steilküste zerstäubt. Andererseits ist bekannt, daß auch auf hoher See Wellen Schaumkronen tragen. Dann haben sie noch nicht die Geschwindigkeit angenommen, die der augenblicklich herrschenden Windstärke entspricht, und der Wind wirft die in diesem Zustand ziemlich steil aufgerichteten Gipfel nach vorn hinüber. Die Welle wird also überkippt, weil ihre Teile sich mit verschiedener Geschwindigkeit bewegen. Die unteren bewegen sich noch mit der früheren geringeren vorwärts, während die oberen durch die Wirksamkeit der bewegten Luft bereits eine Beschleunigung erfahren haben. — In der Nähe der Küsten und bei Untiefen findet Entsprechendes statt, das Überkippen der oberen Wellenteile erfolgt hier deshalb, weil die unteren durch die Hemmung in ihrer Schnelligkeit verlangsamt werden.

Bei dem Verweilen an der See hat man ferner Gelegenheit, noch eine andere eigentümliche Erscheinung wahrzunehmen:

Die heranrollenden Wellen nähern sich immer fast annähernd senkrecht dem Gestade, so daß ihre Kämme in langen, der Wasserkante parallelen Reihen auflaufen. Die Windrichtung ist dabei ziemlich gleichgültig, auch Ostwind z. B., der auf freiem Meere die Wellenberge vor sich hertreibt, verliert in der Nähe des Flachufers an Deutschlands Nordküste seine Macht; hier macht sich die Eigentümlichkeit des Untergrundes und ihre ab= lenkende Wirksamkeit bemerkbar. Wer sich im Bote, ziemlich weit vom Ufer entfernt, befindet oder an dem äußersten Ende eines längeren Seesteges, sieht die Wellen, der Windrichtung

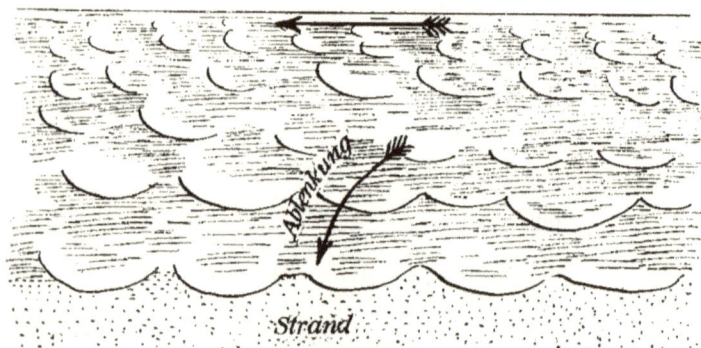

Fig. 10. Ablenkung der Wellen in der Nähe des Strandes senkrecht auf diesen zu.

entsprechend, dahineilen. Verfolgt er aber ihren Verlauf nach dem Ufer hin, so nimmt er bei ihnen eigenartige Schwenkungen wahr, die dahin streben, die Wellenkämme dem Gestade parallel einzustellen. Besonders bei stürmischem Wetter, wo hohe und tiefgehende Wellen entstehen, findet das Überkippen bereits in recht erheblicher Entfernung von der Küste statt, so daß vom Lande aus der Blick das Wasser weithinaus mit weißen Wogen= kämmen bedeckt sieht, die hintereinander geradeswegs heran= kommen. (Fig. 10.)

　　Dieses Abschwenken der Wellen macht man sich am besten an einem einfachen Beispiele klar. Eine Abteilung Soldaten sei vor die Aufgabe gestellt, in schräger Richtung über einen Sturzacker zu marschieren. Solange dieses unwegsame Gelände noch nicht erreicht ist, bewegt sie sich in der gewünschten Weise, nämlich in der Richtung AB, vorwärts und zwar immer in einer Minute um die Strecke AC = CB = DE. Sobald der rechte Flügel jedoch die Grenze des umgewühlten Bodens erreicht hat, tritt eine Stockung ein; die Geschwindigkeit verzögert sich, während der linke Flügel seinen Marsch noch unbehindert fortsetzt. Infolge der ungleichen Geschwindigkeit hat sich nach einer weiteren Minute das Bild nun derart umgestaltet, daß die Soldaten mit ihrer Front in der Richtung FE stehen. Von nun an ist die Geschwindigkeit wieder auf beiden Flügeln die gleiche; FG = EH. An der Grenze zwischen dem leicht und dem schwer passierbaren Gelände hat also die Marschrichtung eine Ablenkung erfahren, die um so größer sein muß, je größer der Unterschied in der Wegsamkeit des ersten und des zweiten Geländes ist. — Überall, wo in der Natur eine in gerader Linie fortbewegte Kraft auf die Grenze nach einem verlangsamenden Stoffe gelangt, findet diese Ablenkung statt, z. B. beim Lichte. (Fig. 11.)

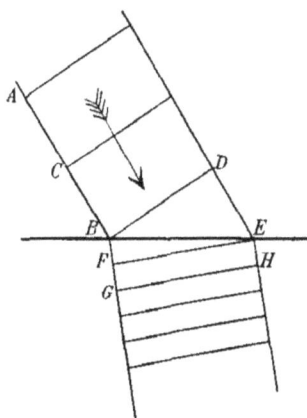

Fig. 11. Ablenkung aus der Richtung bei der Bewegung aus einem leichter in einen schwieriger wegsamen Stoff.

Das fortgesetzt flacher werdende Wasser am Strande wirkt nun dauernd ablenkend und veranlaßt die erwähnte Abschwenkung der Wellen von ihrer eigentlichen Richtung senkrecht auf den Strand zu.

Auch auf hoher See treten derartige Bewegungsverzögerungen im unteren Teile der Wellen auf, dort nämlich, wo Untiefen und Klippen bis dicht unter die Oberfläche des Wassers emporragen. Bei sonst glatten Wellen findet hier eine kräftige Schaumbildung beim Überkippen der Kämme statt, und dieses gibt ein bedeutungsvolles Warnungsmittel für Schiffe, die solchen gefährlichen Stellen zusteuern.

Treffen Wellenberge aufeinander, so entsteht an der Stelle, wo ihre Wassermassen sich aufeinander türmen, eine besonders hohe Welle durch Interferenz; hatten beide Wellen gleiche Höhe, so hat die neu entstandene Wassermasse eine doppelt so große wie jede von ihnen. Schneiden sich mehrere Wellen=systeme, so vermag die aus ihnen hervorgehende Welle so hoch zu werden, daß sie ihren Zusammenhang verliert und nach der dem Winde abgewandten Seite zusammenfällt. Im Mittelpunkte eines Sturmfeldes, wo kräftige Winde aus verschiedenen Rich=tungen her auf verhältnismäßig kleinem Raume zusammenwirken, treten solche Interferenzen sehr häufig auf. Die Stürme, die das Zentrum der Zyklone umkreisen, rufen Wellensysteme hervor, welche von allen Richtungen her dem Mittelpunkte dieses kreisförmigen Feldes entgegenstürmen. In dem wilden Durch=einander dieses gefahrvollen Gebietes entzieht sich das Schiff der Herrschaft des Menschen; in solchen Fällen, wo ein Fahr=zeug in einen Orkan gerät, gilt es daher für einzig richtig, sich mit allen Mitteln vom Zentrum des Sturmgebietes fern=zuhalten.

Die Gewalt der Sturzseen wirkt vernichtend auf alles, was sich ihnen hindernd entgegenstellt. Daher ist es erklärlich, daß man schon lange auf Mittel sann, das verderbenbringende Überkippen der Wellen zu hintertreiben. Man hat einen solchen Weg in dem Ölen des Wassers gefunden und früher bereits angewendet, neuerdings aber erst mit allgemeinerer Ausdehnung im Seewesen zur Verwendung gebracht. Diese beruhigende Wirkung geringer Mengen öligen Materials wird jedem auf=gefallen sein, der — am besten von einer erhöhten Stelle aus — ein in der Nähe der Küste dahinziehendes größeres Fahr=zeug, besonders einen Dampfer, mit den Augen verfolgt. Der zurückgelegte Weg bleibt noch längere Zeit sichtbar, weil kleine Fetteilchen vom Schiffe ins Wasser gelangten und trotz ihrer geringen Menge eine glättende Wirkung auf die Oberfläche auszuüben vermochten. Wie man heute weiß, genügt eine äußerst zarte Ölschicht von kaum $^1/_{1000}$ mm Dicke bereits, um wie eine beruhigende Decke die Wassermassen zu überziehen und jede wildere Bewegung der Wellen im Zaume zu halten. Die Höhe wird niedriger, der Wogengang regelmäßiger, und Sturz= seen setzen fast völlig aus. Es entsteht dabei ein ruhig, jeden= falls ruhiger dahinziehendes Wellensystem, dessen einzelne Wellen eine geglättete Oberfläche haben.

Eine völlig gekräuselte Oberfläche des Wassers wirkt dem Tageslichte gegenüber, das in die Tiefe dringt, wie eine geschliffene Glasplatte; ein deutliches Sehen und Erkennen auf dem Meeresboden ist bei derartig bewegter See daher sehr er= schwert. Daher nahm bereits im Altertum der Taucher, der in die Tiefe stieg, einen Mund voll Öl mit. Sobald er in die Tiefe angelangt war, ließ er es frei; es stieg empor, breitete sich oben in dünner Decke weithin aus und veränderte die Spannung an der Oberfläche des Meeres derart, daß die kleineren Oberflächenwellen verschwanden. In ähnlicher Weise beruhigen die Bewohner von Samoa heute noch die See, wenn sie nach festsitzenden Muscheln tauchen. Das notwendige Ölen besorgen sie derart, daß sie Kokosnuß kauen und deren Gehalt an fetten Stoffen zum gleichen Ziele verwenden.

Auch andere Körper, die auf dem Wasser in größerer Menge schwimmen, wirken auf die Wellenbewegung beruhigend. Eis= schollen und Tangmassen äußern ihre Einwirkung in dieser Weise, mehr vielleicht noch die vielen kleinen Eisteilchen, die bei Tauwetter unter gewissen Umständen in ein und mehr Meter Breite dicht am Strande die Wasserfläche bedecken. Sind nämlich in früheren Tagen von den Wogen Eisschollen an das Ufer getrieben und hier abgesetzt, so werden diese bei flauerem Wetter mürbe, von dem Wellenschlag dauernd zerfressen und in kleine Trümmer zerteilt. In dünner Schicht schwimmen solche dann auf dem Wasser, weithin einen Saum bildend, und

lassen jede herankommende Welle unter leisem Knirschen unter
sich verschwinden. Sind die heranlaufenden Wellen nur von
sehr geringer Größe, so werden sie sogar derart abgeflacht, daß
sie vollkommen am Ufer verschwinden.

Größere Wellen werden bei dieser Bedeckung kaum irgend=
wie verändert, und daraus ergibt sich auch, daß ein Beruhigen
des Wassers mittels Öls wohl auf freier See von Vorteil sein
kann, nicht aber dort, wo die Nähe des Landes oder vorhandene
Untiefen ein Überkippen der Wellenberge veranlassen. Ist ein
Schiff aufgelaufen, so versagt diese besänftigende Methode voll=
kommen; an seinem Körper entsteht eine gewaltige Brandung,
und die kräftigen Sturzseen schlagen es in Trümmer.

Eine Woge, die auf dem Meere dahinzieht, wurde unter
dauernder Arbeit des Windes geschaffen. In ihr ist alle auf=
gewandte Kraft des Windes als „lebendige Kraft" aufgespeichert
worden, diese wandert mit der Welle dahin und kommt mit
ihrer ganzen Macht zur Entfaltung, sowie sich ein Gegenstand
hemmend in den Weg stellt. Man vergegenwärtige sich die
Leistung des Windes, die aus dem bloßen ersten Kräuseln der
ruhigen See eine 10 m hohe Sturmwelle auftürmt, die in der
Sekunde 20 m dahin rast. Wie Otto Baschin angibt, vermag
eine solche Stöße auszuüben, die einem Drucke von sogar
30000 kg und mehr auf 1 Quadratmeter entsprechen. Mit
heftigem Getöse wiederholt sich in kurzen Zwischenräumen der
Angriff solcher Wellen auf jedes Hindernis, und solchem harten
Anpochen der freigewordenen Naturkraft vermag auf die Dauer
nichts zu widerstehen, und sei es aus dem festesten Gestein ge=
schaffen.

In bezug auf die Wellendimensionen ergibt sich eine
Reihe bemerkenswerter Einzelheiten. Wellenlängen haben ge=
wöhnlich die 10 bis 20fache, unter Umständen sogar die 33=
fache Abmessung der zugehörigen Höhen, so daß Wellen von
10 m Höhe die Länge von 330 m erreichen können. Die Wir-

kung in die Tiefe wird auf das 350fache der Wellenhöhe an=
genommen; eine Welle von 10 m Höhe würde also bis in eine
Tiefe von 3500 m ihren Einfluß zur Geltung bringen. Ob
dieser Wert tatsächlich zum Ausdruck kommt, ist nicht ganz
sicher, dagegen hat man die Wellenwirkung bis zu 200 m ab=
wärts nachweisen können. Es ist für die Legung von See=
kabeln von hoher Bedeutung, über diese Fragen Aufschluß zu
gewinnen. Tiefer liegende Teile transatlantischer Kabel brauchen
nicht so sorgfältig geschützt zu sein wie die flacher und vor
allem in der Nähe der Küste lagernder. Die Teile, welche
auf nacktem Fels ruhen, brauchen eine sehr starke Armierung,
damit die Wellenwirkung in die Tiefe, die selbst die schwersten
Kabel ein wenig hin= und herrückt, nicht ein Durchscheuern und
einen schließlichen Bruch herbeiführt.

Flaut der Wind, der die Wellen erregte, plötzlich ab und
setzt dann schließlich ganz aus, so vergeht die Bewegung des
Wassers nicht ebenso schnell. Die in den Wellen aufgespeicherte
Energie läßt sie weiter dahinziehen und als „Dünungen"
von einem Sturme verkünden, der in der Gegend, aus welcher
sie kommen, wütete. Als Vorboten des Sturmes selbst sind sie
nicht anzusehen, da der diesen Sturm veranlassende Luftwirbel
ganz andere Bahnen wählen kann und sich durchaus nicht ge=
radlinig fortzubewegen braucht.

Diese Dünungen verdanken noch dem Winde ihre Ent=
stehung. Größer als sie und die Sturmwellen sind solche Wellen,
die auf plötzliche Störungen der Gleichgewichtsverhältnisse der
Wasseroberfläche zurückzuführen sind. Unterseeische Ausbrüche
vulkanischer Natur und Seebeben wären hier anzuführen; die
Wogen der ersteren haben nur eine verhältnismäßig geringe
Höhe, die der letzteren erreichen durch ihre gewaltigen Ver=
heerungen eine traurige Berühmtheit. Beide haben für unseren
Strand keinerlei Bedeutung. Eigenartige Stoßwellen treten jedoch auch dort auf, wo

Vulkanismus und Erdbeben sich nicht bemerkbar machen. Hier=
her sind die „Seebären“ zu zählen, die an den deutschen Ost=
seeküsten als plötzlich herannahende Flutwellen von einer Höhe
bis zu 2 m bekannt sind. Sie treten nur gelegentlich auf, und
dadurch ist es wohl auch erklärlich, daß man über die Art
ihrer Entstehung nur Vermutungen aufstellen kann.

Die täglich zu beobachtenden Windwellen üben eine gewisse
Wirkung in verschiedener Hinsicht aus. Bei dem Überkippen
und Auflaufen der Wogen auf der Strandlinie wird eine innige
Berührung und Vermischung von Luft und Wasser eingeleitet.
Das letztere löst einen recht erheblichen Prozentsatz Luft infolge
dieser starken Vergrößerung der Berührungsfläche und kehrt,
mit dem neuen Lebenselemente beladen, ins Meer zurück. Mit
dem Gehalte an Sauerstoff vermehren sich die günstigen Be=
dingungen für das Gedeihen des tierischen und pflanzlichen
Lebens, und dort, wo die Aufnahme von Luft am stärksten
ist, wird sich die beste Möglichkeit für ein kraftvolles Gedeihen
bemerkbar machen. Man erinnere sich nur an die vielen Ge=
schöpfe, die gerade in der Brandungszone ihren dauernden
Wohnsitz aufgeschlagen haben und eigenartige Verankerungs=
und Haftapparate besitzen, um von der kräftigen Bewegung des
Wassers nicht mitgerissen und jämmerlich zerschellt zu werden,
z. B. an die Seepocken auf Pfählen und Steinen in dieser
Zone.

Auch in bezug auf den Transport des Wassers sind die
Wellen tätig. Nach der Theorie sollen ihre einzelnen Teilchen
nicht von der Stelle weichen oder doch wenigstens nach ihren
eigenartigen kreisförmigen Schwingungen immer wieder zu ihren
Ausgangspunkt zurückkehren. Die überkippenden Wellen in der
Brandungszone lehren bereits, daß Ausnahmen zulässig sind,
und wo der Wind fortgesetzt auf längere Zeit in gleicher Rich=
tung bläst, kommen recht erhebliche Wasseranstauungen heraus,
wenn ein Abfließen und Ausweichen nicht möglich ist. Das

Abfließen des Flußwassers wird an der Mündung durch an=
haltenden Seewind so stark beeinflußt, daß es zu recht beträcht=
lichen Höhen ansteigen kann. An den flachen Küsten unserer
deutschen Nordsee aber tritt die Sturmflut auf, bei welcher
der Wind die Wogen beständig vor sich hertreibt und ihre
Wassermassen dort übereinanderpackt, wo sie keinen Ausweg zum
Entschlüpfen finden.

Auf offener See kommt es naturgemäß zu keinem Aufhäufen.
Hier jagt der Wind die Wellen vor sich her, und wo er vor=
herrschend in einer bestimmten Richtung weht, erzwingt er Ver=
schiebungen, die z. B. in der Passatregion als gewaltige
Strömungen auftreten. Diese sind für die Verteilung der
Wärme auf der Oberfläche des Erdballs von der größten Be=
deutung. Von den reichen Wärmemengen milderer Zonen bringen
sie einen Teil nach den mehr polwärts gelegenen Gegenden.
Ihnen ist es zu verdanken, daß Westeuropa sich unter verhält=
nismäßig günstigen, klimatischen Verhältnissen befindet. Der
mächtige Golfstrom bringt genügend Wärme hierher, um eine
üppige Pflanzenwelt und damit eine dichte Besiedelung und hohe
Kultur hervorzurufen, während das Land auf der amerikanischen
Seite des Atlantischen Ozeans unter gleicher geographischer Breite
unter einem mächtigen Eispanzer begraben liegt.

Als weitere Wirkung des bewegten Wassers ist seine zer=
störende Arbeit zu erwähnen, die mit dem Augenblicke einsetzte,
als sich aus der Dunsthülle unseres jungfräulichen Planeten der
erste Wassertropfen niederschlug, und die nicht eher rasten wird,
bis der letzte Unterschied zwischen Festland und Meer verwischt
ist. Der Kampfplatz ist dort am lebhaftesten, wo steile Küsten
sich den anstürmenden Wellen entgegenstellen. Die in kurzen
Zwischenräumen immer wieder in heftigem Anprall anlaufende
See lockert auch das härteste Gestein und bröckelt kleine Teilchen
aus dem Gefüge der scheinbar unzerstörbaren Massen. Die tobende
Brandungswoge unterhöhlt die Felsen und läßt sie so einstürzen,

um die Bruchstücke und Trümmer — sowie die aus ihnen hervorgehenden Rollsteine — bei ihren weiteren Angriffen als Geschosse zu benutzen. Das Gestein vermag in diesem Kampfe nur passiven Widerstand zu leisten, immer mehr wird es von seinem unermüdlichen Gegner zurückgedrängt, um schließlich gänzlich zu unterliegen.

Wo durch Ansteigen des Meerspiegels oder Sinken des Landes eine sog. positive Strandverschiebung stattfindet, arbeitet die Brandungswelle am erfolgreichsten. Dann schreitet sie landeinwärts vor, nagt selbst hohe Gebirge von ihrem Unterbau und bildet als Ergebnis einer solchen „Abrasion" flach ansteigende Ebenen, die sie mit den Trümmerresten des ehemaligen Massivs bedeckt.

Die Gedanken, die uns bei solchen Überlegungen beschleichen, sind nicht gerade erhebender Natur; die dauernde Vernichtung, die das Bestreben der Wellen ist, wirkt in gewisser Hinsicht niederdrückend. Da liegt es nicht allzu fern, auch einmal zu überlegen, ob die Wellen als Erzeugnisse des Windes sich nicht auch als Kraftakkumulatoren verwendbar machen ließen. Tatsächlich haben derartige Erwägungen bereits die Ingenieure beschäftigt, besonders hat man die Wellenarbeit dort in den Dienst zu stellen gewußt, wo Seezeichen in der Nähe des Strandes gewisse Warnungssignale geben sollen, die sonst vom Menschen besorgt werden müßten. Im Wasser verankerte Bojen bringen durch ihre schwankenden Bewegungen ein Läutewerk zum Tönen, während an anderen Stellen das Schaukeln elektrischen Strom erzeugen muß, um Lichtzeichen auszusenden. Auch in anderer Weise hat man die freie Naturkraft sich dienstbar zu machen gesucht, und eine Reihe von Problemen harrt der Zeit, wo sie zur vollen Entfaltung und Bedeutung kommen soll. Wie weit es bis zu jener Zeit ist, liegt außerhalb des menschlichen Ermessens. Als höchstes Ziel gilt sicherlich, die gewaltigen Kraftmengen, die bei der Zerstörung unserer Küsten

nutzlos und sogar schädigend verloren gehen, zum Wohle der
Menschheit zweckmäßig umzuformen und zu verwerten. Augen=
blicklich ist aber nur der Ausbau unserer Erkenntnis von dem
Walten dieser machtvoll wirkenden Naturkraft so weit anzustreben,
daß man ihr in genügsamer Bescheidenheit ihrer Übermacht zur
rechten Zeit auszuweichen lernt.

Im Gegensatze zu diesen Windwellen stehen eigenartige
Niveauschwankungen des Meeresspiegels, die seit den ältesten
Zeiten bekannt sind und als Ebbe und Flut zusammengefaßt
werden. Sind sie im Mittelmeergebiete auch nur gering, so lernten
die Römer sie bereits an den vom Atlantischen Ozean bespülten
Küsten Frankreichs und Spaniens in ihrer ganzen Größe kennen; es
verdient hervorgehoben zu werden, daß bereits Strabo wie Pli=
nius die Beziehungen der „Gezeiten" zum Monde kannten.

In neuerer Zeit konnte man erst tiefer in das Wesen dieser
Erscheinungen eindringen, als Newton dargetan hatte, daß die
Schwerkraft mit jener Kraft übereinstimme, die anziehend
zwischen Sonne, Mond und Erde wirke. Diese „Gravitation"
beruht aber auf Gegenseitigkeit; jeder angezogene Himmelskörper
zieht seinerseits den anziehenden gleichfalls an. So liegen die
Beziehungen auch zwischen Mond und Erde. Freilich denkt
man sich die Masse jedes Körpers in seinem Mittelpunkte ver=
dichtet und hier auch den Sitz der anziehenden Kraft nach außen
hin sowie den Angriffspunkt für die entsprechenden Kräfte von
außen her; tatsächlich liegen die Verhältnisse hier aber doch
anders. Die Kraftwirkung äußert sich nicht von Mittelpunkt
zu Mittelpunkt, sondern jedes Massenteilchen des einen Körpers
wirkt auf jedes des anderen anziehend ein.

Nach einem bekannten physikalischen Gesetze nimmt die An=
ziehung mit den Quadratzahlen der Entfernung ab. In einem
doppelten Abstand ist sie also nur gleich dem $2^2 = 4$. Teil der
einfachen Entfernung, in dem dreifachen gleich dem $3^2 = 9$. Teil,
in dem vierfachen gleich dem $4^2 = 16$. Teil usw. Denken wir

uns die Erde als eine Kugel und einen anderen Himmelskörper,
etwa den Mond, anziehend auf sie einwirken, so werden seine
wirksamen Kräfte sich vorzugsweise an der beweglichen Wasser=
hülle bemerkbar machen. Freilich zieht der Mond die ganze
Erde etwas an sich, auf die Wasserteilchen wirkt er aber viel
bemerkenswerter ein. Die auf der ihm zugekehrten Halbkugel

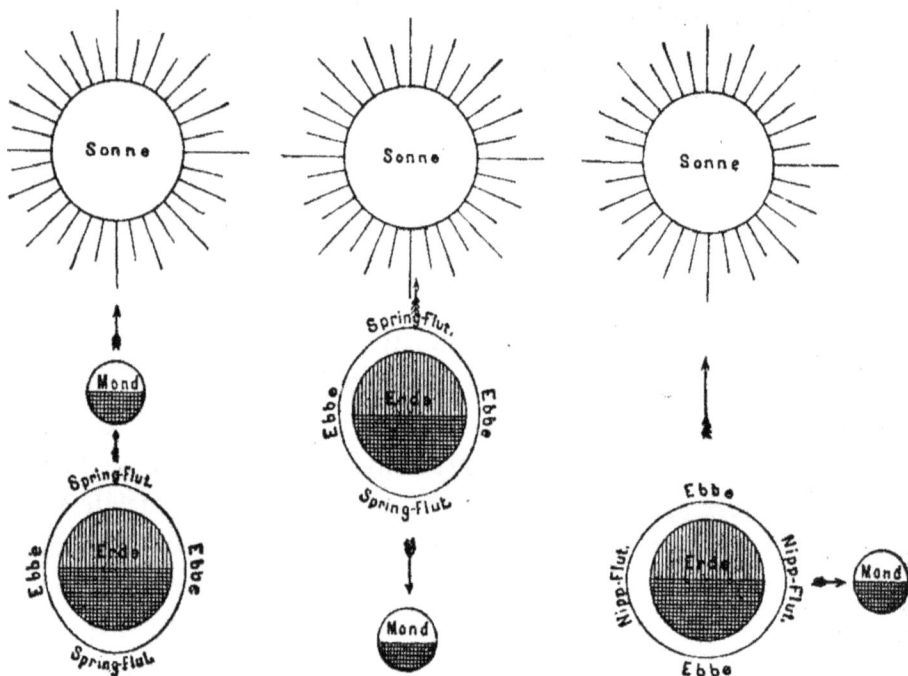

Fig. 12. Entstehung der Spring= und Nippfluten.
(Aus O. Janson: Meeresforschung und Meeresleben.)

streben ihm entgegen, während die auf der entgegengesetzten, als die
am weitesten abstehenden, zurückbleiben. Es stellt der Querschnitt
der Erde nunmehr also eine etwas ausgezogene Kreisform, eine
Ellipse, dar, und zwar so, daß ihre längere Achse auf den Mond
zuläuft, während ihre kürzere senkrecht zu dieser Richtung steht.

Die Erdoberfläche hat so zwei Aufwölbungen erhalten, es
sind das die beiden Fluten. Die dem anziehenden Weltenkörper
zugewandte führt die Bezeichnung Zenitflut, die abgewandte

Nadirflut; von ihnen ist die zweite etwa $\frac{1}{40}$ kleiner als die erste. Da die Wassermenge des Meeres aber eine gegebene Größe hat, so wird sich infolge der beiden Anhäufungen an anderen Orten ein Mangel einstellen müssen. Diese liegen in gleicher Entfernung zwischen den beiden Emporwölbungen, und zwar um soviel unter dem Meeresspiegel, als notwendig ist, um die Wassermassen für die beiden Wasserberge zu er= geben. Diese Orte haben „Ebbe", wie der Binnenländer sagt, der Seemann spricht von Niedrigwasser im Gegensatz zum Hochwasser und bezeichnet mit „Ebbe und Flut" Entwicklungs= stufen der Gezeitenströmungen. Die Gezeiten selbst sind für ihn die „Tiden" (tides). An zwei entgegengesetzten Punkten des Erdquerschnitts ist gleichzeitig unter diesen Verhältnissen immer Hochwasser und an zwei dazwischen liegenden immer Niedrigwasser. (Fig. 12.)

Da die Erde sich um ihre Achse dreht und der Mond immer in gleicher Weise die Kugelform des Weltmeeres unter sich um= gestaltet, wird in 24 Stunden 48 Minuten derselbe Ort zwei= mal Hoch= und ebensooft Niedrigwasser haben, denn so viel Zeit verfließt, bis der Mond wieder im Meridian dieses Ortes steht.

Nun wirkt der Mond aber nicht allein in dieser Weise ge= staltend auf die Masse des Meeres ein. Auch die Sonne be= einflußt in ihrer Art das Wasser und bildet ähnliche Erhe= bungen auf der zu= und abgewandten Halbkugel des Erdballs. Beide Umgestaltungen entstehen nicht immer an gleicher Stelle, da die Sonne jedesmal nach genau 24 Stunden wieder in den Meridian eines bestimmten Ortes tritt. Da letztere ferner 387 mal weiter von der Erde absteht als der Mond, wird die von ihr erregte Flut auch nur verhältnismäßig gering sein; wie die Rechnung ergibt, ist sie sogar 2,2 mal kleiner als die Mondflut. Sonnen= und Mondflut greifen nun ineinander und geben durch Interferenz die an einem gegebenen Orte tat= sächlich wahrnehmbaren Gezeiten. Gehen beide Himmelskörper

4*

gleichzeitig durch den Meridian, so bewirken sie die Springflut,
bei der das höchste Hochwasser und das tiefste Niedrigwasser
zur Bildung gelangt. Die beigegebene Figur stellt die Sonnen=
flut durch eine Punktlinie, die Mondflut durch eine gestrichelte
Linie dar. Dieses Zusammenwirken von Mond und Sonne
findet bei Vollmond und bei Neumond statt. (Fig. 12 und 13.)

Steht der Mond aber im ersten oder im letzten Viertel,
befinden sich die einwirkenden Körper also in ihrer Wirkung

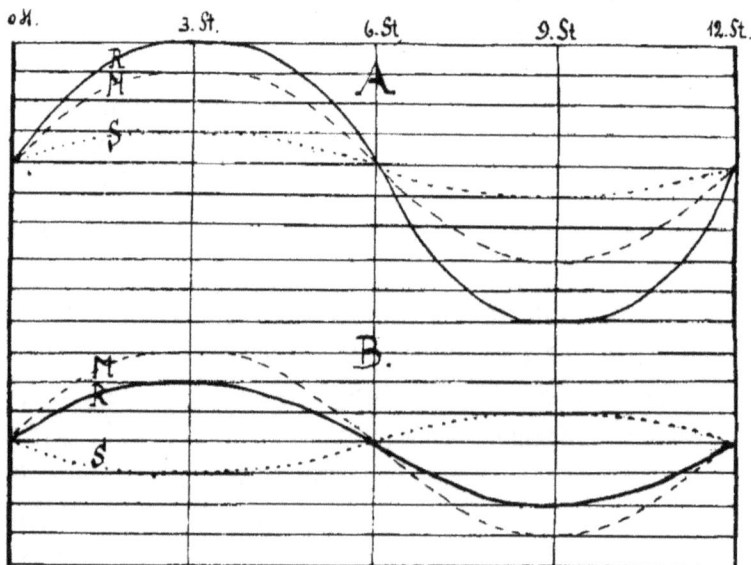

Fig. 13. S Sonnenflut, M Mondflut, R resultierende Flut bei Neu= oder Vollmond (A)
und beim 1. und 3. Mondviertel (B). (Aus O. Janson: Meeresforschung und Meeresleben.)

unter 90° voneinander entfernt, so tritt Nippflut, die „tauben Ge=
zeiten", „dat dove getide", des deutschen Seemanns ein. Dann
haben Orte mit Mondhochwasser gleichzeitig Sonnenniedrig=
wasser und solche mit Mondtiefwasser das Sonnenhochwasser.
Das Zusammenwirken ergibt dann wenig bemerkenswerte Fluten,
die sich von der eigentlichen Oberfläche des Wassers nur wenig
entfernen. Die zweite Zeichnung der Figur zeigt das Zustande=
kommen solcher tauben Gezeiten; die Bedeutung der Wellen=
linien ist die gleiche wie vordem. (Fig. 12 und 13.)

Drückt man das Höhenverhältnis zwischen Mond- und Sonnenflut, annähernd an die Größen 2,2 und 1, durch 9 und 4 Einheiten aus, so hat die Springflut also $9 + 4 = 13$ Einheiten über und ihr Niedrigwasser 13 Einheiten unter dem Meeresniveau zu verzeichnen, während für die tauben Tiden der entsprechende Wert $9 - 4 = 5$ beträgt. Der Mond braucht aber 28 Tage, um von dem Zustand seiner vollen Scheibe über Neumond wieder zum Vollmond zu werden, daher folgen die äußersten Fälle der Gezeiten alle 14 Tage aufeinander. Man pflegt hier deshalb von einer „halbmonatlichen Ungleich= heit" zu sprechen. Wie für die Höhe der Gezeiten kommt eine derartige Ungleichheit für die Eintrittszeiten von Hoch- und Niedrigwasser in Betracht.

Nun hat die Flutwelle der Sonne eine Periode von 24 Stunden, die des Mondes aber eine von 24 Stunden 48 Minuten. Es wird also an dem Tage nach Neu= oder Vollmond das Sonnen= hochwasser an einem bestimmten Orte 48 Minuten vor dem des Mondes auftreten. Es kommt daher zu einem Zusammen= wirken beider, und zwar dergestalt, daß das Hochwasser bereits etwas früher eintritt, als es nach dem Eintritt des Mondes in den Meridian des Ortes zu verzeichnen sein sollte. Jeder folgende Tag bringt eine weitere Verschiebung in den Daten, bis nach einem halben Monat, zur Zeit des Voll= oder Neu= mondes, die Verspätung fast 12 Stunden beträgt und beide Himmelskörper wieder gemeinsam auf die Wasserhülle der Erde einwirken können. Man kann also nicht nur hinsichtlich der Höhe der Gezeiten, sondern auch bei ihrem Eintreffen von einer halbmonatlichen Ungleichheit sprechen. — Weitere Un= gleichheiten in der Höhe der Gezeiten treten dadurch auf, daß die fluterzeugenden Gestirne nur zeitweise über dem Äquator, im Laufe der Jahreszeiten vielmehr bald nördlich oder südlich über ihm stehen, ferner dadurch, daß der Abstand des Mondes von der Erde und der Erde von der Sonne nicht immer der gleiche

bleibt. Diese Verschiedenheiten in der Stellung und Entfer=
nung der fluterzeugenden Himmelskörper gibt zu den verschieden=
artigsten Kombinationen Veranlassung; die vom Monde hervor=
gerufenen sind freilich nach 18½ Jahren erschöpft, die der Sonne
dagegen erst nach einem Zeitraume von etwa 21 000 Jahren.

Diese Betrachtungen sind in der Hauptsache bereits von
Newton angestellt, doch ist es bis heute noch nicht geglückt,
für irgend einen gegebenen Ort die Eintrittszeit und die Höhe
des Hochwassers im voraus zu berechnen. Vor allem arbeitet
wohl die Trägheit der Wassermassen der anziehenden Kraft ent=
gegen. Durch ihre Wirkung und ferner durch die Hemmung
von seiten sich entgegenstellender Landmassen treten Verspätungen
ein, so daß die Wirkungen der Springzeit sogar erst zwei
Tage nach Neu= oder Vollmond eintreten können; und solche
Verzögerungen sind fast für jeden Ort verschieden.

Wie man annimmt, zieht eine Flutwelle von südlichen
Breiten her nach Norden. Der eine Teil von ihr wendet sich
auf nördlicher Breite in nordwestlicher Richtung und trifft auf
die Ostküsten der Vereinigten Staaten. Es wird dadurch der
eigentümliche Umstand herbeigeführt, daß dort fast überall zur
gleichen Zeit die Flut einsetzt. Der andere Teil verläuft vom
Äquator aus mehr östlich und dann schrittweise an den Küsten
Europas von Süden nach Norden. Daraus erklärt sich das
Wachsen der Flutstunden von Spanien nach Schottland hin.
Dabei treffen unter Bildung von Interferenzen in der südlichen
Nordsee zwei Flutwellen aufeinander, deren eine nördlich von
Schottland kommt und südwärts zieht, während die andere aus
dem Englischen Kanal nach Nordosten verläuft.

Die Erscheinungen der Gezeiten bieten mithin eine ganze
Reihe überraschender Verschiedenheiten. Diese erklären sich da=
durch, daß die Bewegungen der Fluten nicht in einer Richtung
verlaufen, sondern sich aus vielen einander begegnenden, kreuzenden
und beeinflussenden Wellen und Wellensystemen zusammensetzen.

Wo die Flut in die Flußmündungen eindringt, ist sie noch viele Kilometer aufwärts nachweisbar. So ermöglicht z. B. in der Elbe und in der Weser eine flußaufwärts gerichtete Gezeiten= strömung das Eindringen von Seeschiffen weit in das Land hinein und bedingt so die Existenz wichtiger Häfen, sog. Flut= häfen, wie Hamburg und Bremen. Da ein großer Teil der Häfen von den tiefgehenden Schiffen der jetzigen Zeit überhaupt nur zur Zeit des Hochwassers erreicht werden kann, ist es wichtig, seinen Eintritt im voraus zu kennen. Dies ist mög= lich, wenn man die sog. Hafenzeit weiß. Darunter versteht man den Zeitunterschied, der zwischen der Kulmination des Mondes bei Neu= oder Vollmond und dem nächsten darauf= folgenden Hochwasser liegt. Die Hochwasserzeit für irgend einen anderen Tag berechnet man dann derart, daß man zur Kulmi= nationszeit des Mondes an diesem Tage die Hafenzeit addiert, außerdem aber noch eine Korrektion für die halbmonatliche, bzw. die tägliche Ungleichheit. Die Hafenzeit selbst zu berechnen, ist noch für keinen Ort gelungen. Man hat sie nur durch Beob= achtungen ermitteln können.

Für die Fluthöhe deutscher Häfen an der Nordsee gibt Otto Krümmel folgende Mittelwerte an: Emden 2,76 m, Wilhelmshaven 3,46 m, Bremerhaven 3,30 m, Cuxhaven 2,80 m, Hafen von Hamburg 1,88 m; bei Springfluten wachsen die Zahlen freilich auf das Doppelte an. Auf ihrem Wege in die Ostsee verliert die Flutwelle in den Belten einen großen Teil ihrer Kraft; so sind bei Kiel nur 0,070 m, bei Arkona auf Rügen 0,020 m, bei Swinemünde 0,018 m, bei Neufahrwasser 0,0067 m und bei Memel schließlich nur noch 0,0045 m gemessen.

Außer der Änderung der Wassertiefe bringen die Gezeiten als Folgewirkungen sog. „Gezeitenströme" hervor. 6 Stunden und 12 Minuten wird der „Flutstrom", die „Flut" der See= leute, die Wasserteilchen landeinwärts, und darauf der „Ebbe= strom", die „Ebbe", sie ebensolange wieder der See zu treiben.

Das schnellste Fortschreiten erfolgt im Augenblick des Hoch=
wassers und in dem des Niedrigwassers; wird das Mittelniveau
passiert, so kommt die Strömung zum Stehen, es ist „Still=
wasser" eingetreten, dann erfolgt das Umschlagen in der Rich=
tung der Bewegung, das „Kentern" des Stromes: damit tauschen
Flut= und Ebbestrom wieder ihre Richtung miteinander.

Wie wir wissen, ist das Fortschreiten von Wellenberg und
Wellental nur eine Fortbewegung der Form. Neben dieser
Verschiebung der Gestalt des Wasserspiegels findet innerhalb
der einzelnen Wellen die bereits erwähnte Orbitalbewegung
statt und veranlaßt eine Bewegung und Versetzung der Wasser=
teilchen, eine Strömung. Bei großer Wellenlänge wird diese
Bewegung zu einer Strömung, die sich auf viele Kilometer hin
horizontal hin= und herbewegt. Dann treibt im Wellenberg

Fig. 14. Bei großer Wellenlänge
geht die Orbitalbewegung in eine
horizontal hin= und herverlaufende
Strömung über. (Nach Schott.)

das Wasserteilchen als Flutstrom vor=
wärts, im Wellental dagegen als
Ebbestrom dem zweiten folgenden
Wellenberge entgegen. Während über
unendlich tiefem Wasser diese Bewegung
in kleinen Kreisen verläuft, deren Radien die halbe Größe der
Wellenhöhe haben, entstehen in sehr tiefem Wasser fast kreis=
förmige, über flachem aber sehr stark zusammengedrückte Ellipsen.
Was in diesem Falle an vertikaler Bewegung verloren geht,
wird zu wagerechter und gibt den Gezeitenstrom. Wird für
eine Flutwelle die Höhe 1,3 m Höhe und die Länge 10 000 000 m
Länge ermittelt, so läßt sich die Länge der großen Achse der
Bahn eines Wasserteilchens schon zu 400 m bei der Tiefe von
5000 m berechnen. Beträgt die Tiefe aber nur wenige Meter,
wie z. B. in Flußmündungen, so dehnt sich die Orbitalversetzung
auf viel größere horizontale Entfernungen aus, in der Elb=
mündung z. B. auf 10 km und mehr. (Fig. 14.)

Ist die Gezeitenwelle regelmäßig und ungestört, so findet
das „Kentern des Stromes", d. h. der Wechsel in der Strom=

richtung nicht statt, wenn der höchste oder tiefste Wasserstand erreicht ist, sondern immer in der Mitte zwischen beiden Wasser=ständen. Die nebenstehende Figur zeigt, daß die Eigentümlich=keit sich aus der Art der Orbitalbewegung in einer Welle ergibt. Sie erklärt ungezwungen diese Erscheinungen, die für die meisten Leute bei der ersten Kunde davon durchaus wunderbar klingt. Das Wasser zeigt also noch drei Stunden lang Flutbewegung und wandert stromaufwärts, wenn der Wasserspiegel bereits sinkt, und bei steigendem Wasser zeigt sich umgekehrt noch drei Stunden lang Ebbestrom. Sobald man sich von der Auffassung frei gemacht hat, daß der Flutstrom das Steigen, der Ebbe=strom das Fallen des Wassers veranlaßt, verliert die Erscheinung das Wunderbare in ihrer bemerkenswerten Eigentüm=lichkeit. (Fig. 15.)

Wenn man am Strande diese Tatsachen durch Be=obachtungen studieren will, kommt man freilich zu ganz entgegengesetzten Er=

Fig. 15. Eintritt des Kenterns. (Nach Schott.)

gebnissen. Das Kentern erfolgt hier nicht in der halben Zeit nach Hoch= oder Tiefwasser, sondern es fällt mit diesen zu=sammen. Sobald das Wasser seine größte Höhe erreicht hat, bei „Stauwasser," beginnt auch die Ebbe und verläuft bis zum Niedrigwasser, wo der Strom kentert und als Flut wieder dem Lande zufließt. — Theorie und Tatsachen stehen hier in scheinbarem Widerspruch, da man bei ersterer der Ein=fachheit wegen ein Wasser annimmt, das unbegrenzt und über=all gleichmäßig tief ist. Da das Küstenwasser aber flach und am Gestade keine Bewegungsfreiheit gegeben ist, wird die regel=mäßig geformte Flutwelle, ähnlich wie wir es bei den oben be=handelten Windwellen sahen, tiefgreifend verändert. Es wird beim Auflaufen die Vorderseite der Welle in ihrer Schnelligkeit

aufgehalten, und je mehr sie sich der Küste nähert, desto weniger
kann sie sich über den Augenblick des Hochwassers hinaus unter=
halten. Beim Anschlagen an den Strand findet das Kentern
statt, d. h. in demselben Augenblicke, wo Hoch= bzw. Niedrig=
wasser eintritt. Wo Ströme sich an ihren Mündungen stark
verbreitern, finden dementsprechend Abänderungen statt; bei Cux=
haven erfolgt nach Otto Krümmel das Kentern des Stromes
$1\frac{1}{4}$ Stunde nach Niedrigwasser und $1\frac{1}{2}$ Stunde nach Hochwasser,
in Wilhelmshaven $\frac{3}{4}$ Stunde nach Hoch= bzw. Niedrigwasser.

In ähnlicher Weise, wie Windwellen beim Auflaufen auf
eine flach ansteigende Küste an Größe zunehmen, verhalten sich
die Gezeiten. Wo die Tiefe abnimmt und kräftige Wellen auch
seitlich durch Einengung eingeschränkt werden, schwellen sie zu
gewaltigen Größen an.

Auf den Watten der Nordsee steigt die Flutwelle bisweilen
bis zu einer Höhe von $\frac{1}{3}$ m empor, in schmalen, trichter=
förmigen Verengungen der Flußmündungen kann sie dagegen
bis auf mehrere Meter anwachsen; an unseren Gestaden sind
derartige „Wassermauern" aber kaum bekannt.

Außer den Strömungen, die zwischen Nord= und Ostsee durch
den Abfluß des salzärmeren, oberflächlichen Ostseestromes und
die Bewegung eines salzigeren, schweren Tiefenstromes in ent=
gegengesetzter Richtung auftreten, sind wesentliche andere für unsere
Küstengebiete nicht bekannt. Nur hier und dort wird in Einbuch=
tungen am Strande eine eigenartige Bewegung des Wassers ver=
anlaßt. Hier führt die Hauptströmung, die an der Küste entlang
zieht, einen Teil von ihm mit sich fort, und dieser muß durch
anderes ersetzt werden. Derartige Ersatzbewegungen, die sich im
kleinen abspielen, nennt man Reaktionsströme oder Neere;
im Vergleich mit dem Hauptstrom weisen sie rückläufige Rich=
tung auf, wobei außer den horizontalen Reaktionsbewegungen
auch vertikale auftreten können. (Fig. 16.)

Auch Winde vermögen Strömungen hervorzurufen, besonders

dort, wo sie stetig wehen. Sie reißen zunächst die oberste Schicht des Wassers mit sich fort, diese teilt ihre Bewegung durch Reibung der nächst tieferen mit, diese der darauf folgenden usf., so daß eine Übertragung von Schicht zu Schicht stattfindet. Tatsächlich bleibt die Windrichtung nicht ständig die gleiche, doch wirken diese Veränderungen nur auf die oberen Wasserschichten ein, während die unteren ihre Richtung beibehalten. Die Strömung ist in diesem Falle also nicht das Ergebnis eines Windes, der an einem bestimmten Tage weht, sondern das „Produkt aller Winde, die seit ungezählten Jahrtausenden über die betreffenden Gegenden hinweggestrichen sind".

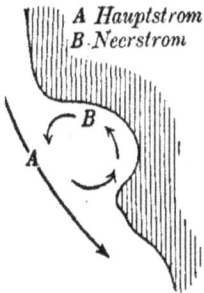

Fig. 16. Entstehung der Reaktionsströme oder Neere. (Nach Schott.)

Fig 17. Einfluß der Windrichtung auf die Bewegung der Wasserschichten.
(Aus O. Janson: Meeresforschung und Meeresleben.)

Die ständig wehenden Passate in den Äquatorialgegenden und die Westwinde in den höheren Breiten sind somit als die Hauptursachen für die Meeresströmungen anzusehen. (Fig. 17.)

Über die Wasserzirkulation in der Ostsee hat O. Pettersson neuerdings interessante Beobachtungen gemacht, welche sich auf eine Reihe von Tatsachen stützen, die teilweise bereits vor 30 Jahren gewonnen wurden. Danach sind die verschiedenen Wasserschichten der Ostsee nicht nach Dichte und Salzgehalt horizontal übereinander gelagert. Sie bilden vielmehr Keile, deren Kanten den Mündungen der Ostsee zuliegen. Die Ostsee ist also auch deshalb als ein Fjord oder Rand-

gebiet des Ozeans, nicht aber als selbständiges Wassersystem
anzusehen. Aus dem verschiedenen Sauerstoffgehalte der keil-
förmigen Wasserschichten ergibt sich, daß in jedem einzelnen eine
besondere Zirkulation stattfindet. Aus verschiedenen Gründen
ist ferner anzunehmen, daß die Veränderungen in der Höhe
und der Zirkulation der Ostsee nicht von ihr selbst, sondern
vom Weltmeere aus bedingt werden. Das mächtige Tiefen-
wasser des Skagerrak schwillt zur Zeit des Spätsommers und
Herbstes an und bedingt eine Aufstauung des aus der Ostsee
führenden Oberstromes. Die Rückwirkung von diesem Vorgang
macht sich bis in die innersten Buchten der Ostsee bemerkbar.
Daher hat der Oberstrom auch in der Zeit zwischen März und
Mai seine größte Geschwindigkeit, obgleich die Ostsee gerade
dann ihren niedrigsten Wasserspiegel hat. Die herbstlichen An-
stauungen halten ihn dagegen auf, obgleich der Wasserspiegel
durch Regen und Flußwasser dann gerade recht hoch steht.

Unter besonders günstigen Verhältnissen kann man im Belt,
dem wichtigsten Verbindungsweg von Ost- und Nordsee, wahrnehmen, daß die Gezeiten im Tiefwasser (besonders bei etwa
20 m Tiefe) sich recht deutlich nachweisen lassen und eine Strom-
geschwindigkeit bis zu 50 und 60 cm in der Sekunde erzeugen.
Hat diese Flutwelle ihre größte Höhe erlangt, so verlangsamt
sie den abfließenden Oberflächenstrom, ja sie kann dessen Richtung vollständig umkehren. Die an der Wasseroberfläche ge-
messene Flutwelle ist also stark geschwächt, in der Tiefe hat sie
eine mehr als doppelte Höhe.

Das Festland.*)

Das Bollwerk, gegen das die Meereswellen dauernd Sturm
laufen, hat eine lange Geschichte hinter sich. Es gab eine Zeit,

---

*) Vgl. hierzu, Volk, Geol. Wanderbuch I. Band 3 der Naturw. Schüler-
bibliothek.   Der Herausgeber.

wo der Erdball als feiner Dunst im Weltenraume schwebte.
Langsam setzte die Verdichtung ein. In dem Nebel traten
die Teilchen durch Abkühlung im Weltenraume immer mehr und
mehr zusammen und flossen ineinander. Sie begannen dabei
eine drehende Bewegung, und bei dieser fand eine Abrundung
der sich immer weiter verdichtenden Massen statt. Dann wurde
die dabei entstandene Kugel immer zähflüssiger, und schließlich
bildete sich auf ihr eine Kruste. Diese wuchs in die Dicke und
trennte damit das noch heiße Innere von den das Ganze um=
hüllenden, noch bestehenden Gasen; doch lange dauerte es noch,
bis diese sich so weit abkühlten, um in verdichteter Form als
Tropfen auf die Erdkugel herabzusinken. Mit diesem Zeitpunkte
setzte der dauernde Kampf zwischen Festland und Flut ein. Die
heißen Wassermassen arbeiteten auslaugend an dem festen Panzer
und beluden sich mit dem losgelösten Material.

Werfen wir in ein Glas heißes Wasser so lange Zuckerstücke,
bis sie sich nicht mehr lösen, und gießen die so gewonnene
Flüssigkeit in ein anderes Gefäß, so findet bei der Abkühlung
eine teilweise Ausscheidung des gelösten Zuckers statt. Bei dem
Umfüllen in noch andere Gläser wirkt die Abkühlung weiter aus=
scheidend, während umgekehrt beim Erwärmen immer wieder
neue Zuckermengen durch Lösung aufgenommen werden können.
Für jede Temperatur gibt es nämlich einen Punkt, bei dem die
Lösungsflüssigkeit nichts mehr von einem festen Körper auf=
nehmen kann; dann wird sie bei jeder noch so kleinen Abkühlung
mit dem Abscheiden beginnen. Die Flüssigkeit vermag eben
bei jeder Temperatur nur eine ganz bestimmte Menge eines
Körpers in sich aufzunehmen, sie ist dann „gesättigt".

Eine solche Sättigung trat auch für die Fluten ein, die auf
der Erdkruste ihr Wesen trieben. Mit Beginn einer weiteren
Abkühlung konnten sie die gelösten Stoffe nicht mehr festhalten
und mußten sie zum Absatz gelangen lassen. So entstanden die
ersten in Schichten abgesetzten Gesteine. In späterer Zeit

schlugen sich aus den Fluten, die namentlich infolge ihrer mecha=
nischen Tätigkeit durch schwebende Teilchen getrübt waren,
weitere Schichten nieder; sie werden nach ihrer Entstehung als
Schichtungs=, Sediment= oder Neptunische Gesteine be=
zeichnet.*) Kaum waren sie da, als die bewegten Fluten auch
auf sie einzuwirken begannen.

Inzwischen kühlte sich die Erde immer weiter ab, und der
Erdkern zog sich dabei zusammen. Die ihn umgebende Hülle
suchte ihm zu folgen, doch bot das eine große Reihe von Schwierig=
keiten; sie war zu groß und zu starr für ihn geworden. Teil=
weise folgte sie dem Kern, gewisse Teile von ihr drängten sich
ihm nach, während andere zurücktreten mußten. Die zuerst ver=
hältnismäßig glatte Rinde bildete also eine wellige Form heraus,
und bei dem gewaltsamen Kampfe um die Stellen in der Nähe
des Erdkerns kam es zu einem gewaltsamen Drängen, das als
sog. „Seitenschub" bei dem Emporwölben der zurückbleibenden
Teile eine große Rolle spielte. Durch Pressung des Kernes
und durch Explosionserscheinungen, die dann eintraten, wenn
das Wasser auf Riffen und Spalten seinen Weg zum heißen
Erdinnern fand, trat ein Erguß der noch flüssigen Massen ein.
Diese Gesteine, die auch heute noch von Vulkanen gebildet werden,
sind ungeschichtet und heißen deshalb massige oder Plutonische.

Die Schichtungsgesteine bilden sich auch heute noch überall
dort, wo gelöstes Material sich ausscheidet und wo trübende
Stoffe niedersinken. Mit diesen Absätzen sinken aber auch allerlei
Reste aus der Tier= und Pflanzenwelt auf den Boden, die von
dem schichtenbildenden Material dann umhüllt und teilweise er=
halten werden. Blätter, Holzteile und Fruchtstücke einerseits,
Muschelschalen, Schneckengehäuse und Knochenstücke andererseits
finden wir in den Sedimentgesteinen, vorzugsweise also derber
gebaute Bestandteile. Wo in süßem Wasser ein feiner, zarter

*) Ursprünglich nur chemische, dann hauptsächlich mechanische Tätig=
keit des Wassers. (Chemische=mechanische Sedimente.)

Bodensatz sich ausschied, entstanden jene feinen Versteinerungen, welche die Freude jedes Kenners und Naturfreundes bilden. Die feuerflüssigen Eruptivgesteine konnten derartige Reste einer früheren Zeit naturgemäß nicht aufbewahren.

Die Ausbildung von Schichten und die Schichtenfolge sind dem Geologen aber in mehr als einer Hinsicht von großer Bedeutung. Suchen wir einen erhöhten Punkt des Preußischen

Fig. 18. Parallelgeschichteter Strandsand an der Ostseeküste unterhalb Hoch Redlau bei Zoppot. (Oberl. Baenge-Zoppot phot.)

oder des Pommerschen Höhenzuges auf und lassen unsere Augen suchend umherschweifen, so finden wir wohl einen Abrutsch oder Absturz oder gar eine Grube, in der Sand oder Ton gewonnen werden. Viele helle und dunkle Bänder treten auf den bloß- gelegten Stellen hervor, vielfach heben sie sich wohl auch in verschiedenen Farben von den Wänden ab. Hier liegen Quer- schnitte verschiedener Gesteinsplatten (Schichten) vor, die sich durch besondere Ausbildung und Beschaffenheit voneinander unterscheiden. Loser Sand, Ton, Mergel und ähnliches Material

wechseln hier ab. Meist sind diese Schichten horizontal und ein=
ander parallel gelagert, daneben kommen aber auch andere vor,
die schwach geneigt sind und von den darüber liegenden ab=
geschnitten werden. Hier wurden in früherer Zeit Teile von
Schichten zerstört, ehe neue sich über die alten Schichtenköpfe

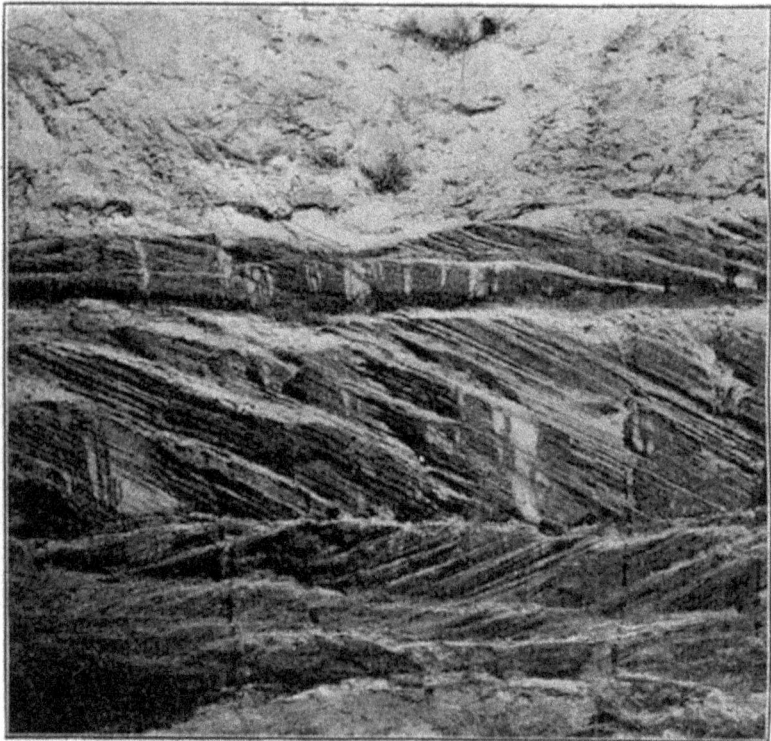

Fig. 19. Kreuzgeschichteter Sand, abgelagert von Bächen der Vorzeit. Westküste von Sylt.
(Aus F. Frech: Aus der Vorzeit der Erde. IV. Die Arbeit des Ozeans.)

lagerten. In einem Falle spricht man von Parallelschichtung;
im anderen von Diagonalschichtung; im ersteren spricht man
ferner von konkordanter (übereinstimmender, gleichartig ge=
schichteter), im zweiten von diskordanter (nicht übereinstim=
mender, kreuzgeschichteter) Überlagerung. (Fig. 18 und 19.)
　　Die konkordanten Schichten entstanden wahrscheinlich bald
hintereinander und unter annähernd gleichartigen Bedingungen,

Diskordanz weist dagegen auf wesentliche Altersunterschiede und einen Wechsel in den Bedingungen hin. In den meisten Fällen trifft dieser Schluß wohl zu, in einigen anderen ist er aber nicht am Platze. So entsteht diagonale Schichtung überall auf Dünen, im Ufersande der Flüsse, Seen und Meer in kurzer Zeit, wenn Wind und Welle häufig wechseln.

Dagegen gibt eine Reihe gemeinsamer Merkmale ein vortreffliches Unterscheidungsmerkmal, ob mehrere aufeinanderfolgende Schichten zusammengehören oder nicht. Unter dem kalkfreien Ackerboden, der durch Verwitterung entstand, findet man oft sehr verschiedenartige Schichten, die sämtlich eine gewisse Menge Kalk und ein beigemengtes Mineral, Feldspat, enthalten. Tiefer ruhen dann vielleicht wieder andere Schichtengruppen ohne Kalk, ohne Mineralbrocken. Der Ackerboden wäre in diesem Falle dem „Alluvium“, die kalkhaltige Schichtenfolge aber dem „Diluvium“ und die darunter lagernde dem sog. „Tertiär“ zuzurechnen. In den Schichten des Diluviums finden sich ferner meist Gesteinsstücke von verschiedener Größe, wie Kalkstein, sowie Granit und anderes Material plutonischer Herkunft, das aus weiter nordischer Ferne stammt. Solche Beimengungen fehlen dem Tertiär dagegen gänzlich. Auch auf die hier und dort in den Schichten gefundenen Reste aus der Tier- und Pflanzenwelt erstrecken sich diese Unterschiede; sie ermächtigen uns daher, vom Diluvium und dem Tertiär als von wohlgesonderten, verschiedenartigen Ausbildungen der Erdrinde, von Formationen zu sprechen.

Derartige Formationen gibt es eine ganze Reihe; von dem Aufbau der Erdrinde geben sie mit ihren Oberabteilungen, den Hauptgruppen, und ihren Unterabteilungen, den Stufen, ein allgemeines Bild. Nach der hier aufgeführten Tabelle läßt sich z. B. unter „Paläozoisch“ eine Reihe von Formationen zusammenfassen, von denen z. B. „Perm“ oder „Dyas“ wieder in die Stufen „Zechstein“ und „Rotliegendes“ zerfällt. Dabei ist zu bemerken, daß jede einzelne Stufe sich noch weiter gliedert.

Die meisten Formationen erreichen an gewissen Stellen eine Dicke, die sog. Mächtigkeit, von 1000 und mehr Meter, nirgends sind sie aber sämtlich übereinander aufgeschichtet, die Schichten= reihe weist an jedem Punkte der Erdrinde vielmehr große Lücken auf. Da jeder Schichtenbildung an der einen Stelle eine Schichten= zerstörung an einer anderen entspricht, ist das auch nicht anders zu erwarten; selbst wo eine direkte Zerstörung nicht vorzuliegen scheint, hat wenigstens eine Auslaugung älterer Gesteine durch das Wasser stattgefunden.

Suchen wir den Weg in die Vergangenheit zurück, so finden wir das Bild unserer Heimat durchaus verändert. Und je mehr wir rückwärtsschreiten, desto fremder und unbekannter wird der Pfad, desto rätselhafter mutet uns Bodengestalt und Klima, Pflanzen= und Tierwelt an.

Die Spuren der Verwandlungen aus jenen alten und ältesten Zeiten zu verfolgen und dann in große geologische Zeitabschnitte einzuordnen, ist seit einem Jahrhundert eine Hauptaufgabe der Wissenschaft. Man will ermitteln, wie früher Wasser und Land, Gebirge und Ebene, die Lebewelt auf dem Trockenen und im Nassen verteilt war. Man will ermitteln, wo Vulkan und Gletscher auftraten, Überschwemmungen und Zeiten der Dürre nachweisen. Je mehr wir unsere Kenntnis von derartigen Er= eignissen erweitern, desto mehr öffnet sich das Auge für die Eigentümlichkeiten der Landschaft, die uns umgibt: Müssen wir sie doch als Endglied einer langen Kette von fortgesetzten Um= wandlungen ansehen. Dann plaudert jeder Gesteinsblock und jeder Stein, dem wir auf unseren Wanderungen begegnen; er erzählt uns ein Stück Urgeschichte, das unser Weltbild vertieft und vergrößert.

Die Geschichte des Menschengeschlechts teilt man in auf= einanderfolgende Abschnitte und bezeichnet sie nach hervor= ragenden Ereignissen, wie nach den Perserkriegen, der Völker= wanderung, den Kreuzzügen usw. Diese Benennungen umfassen ganz bestimmte Zeiträume, obgleich die Vorgänge, die ihnen den Namen gaben, nur auf beschränktem Gebiete stattfanden. Auch die Geologie bedient sich ganz bestimmter Ausdrücke, um eine Aufstellung von Tabellen nach chronologischen Gesichtspunkten zu ermöglichen. Von lokalen Vorkommnissen gehen die Benennungen aus, passen also mit Recht nur für ein bestimmtes Land und haben dann allgemeine Anwendung gefunden. Zu der Zeit, als in Schlesien, Sachsen, Westfalen, England, Nordamerika Pflanzenreste sich anhäuften und zu Steinkohlenlagern verhärteten, herrschte z. B. die sog. „Steinkohlenzeit“. Zu dieser Periode machten sich Änderungen auch an anderen Orten der Erde bemerkbar, ohne daß sich dort Steinkohlen bildeten.

In reichem Wechsel setzten sich aus dem Urmeere nach und nach die Gesteine ab, und in häufiger Wiederholung müßten wir diese beschreiben und immer wieder aufzählen, ohne uns recht verständigen und zurechtfinden zu können, wenn nicht die sog. Leitfossilien uns helfen würden. Man versteht hierunter ganz bestimmte, versteinte Reste von Lebewesen, die zu bestimmten Zeiten von der Gesteinsmasse umhüllt wurden. Sie geben einen vortrefflichen Fingerweis über die Zugehörigkeit der aufgefundenen Gesteinsproben. Durch sie ist es möglich, diese letzteren als gleichalterig zu bezeichnen, auch wenn ihr Material durchweg verschiedenartig ist. Gelegentlich bezeichnet man Gesteine und Schichten direkt nach ihnen und ermöglicht so ein rasches und sicheres Verständnis.

Derartige Reste weisen dann auf eine früher stark verbreitete Tier- oder Pflanzenart hin. Abgesehen von den großen Steinkohlenlagern beteiligten sich Pflanzen auch sonst häufig an der Umgestaltung der Erdoberfläche. Große Lager von Diatomeen, winzig kleinen Pflänzchen, finden sich an verschiedenen Orten und liefern bei ihrer geringen Festigkeit einen äußerst gefürchteten Baugrund; andere winzige Pflanzenreste, die sog. „Kokkolithen“, beteiligten sich in hervorragender Weise an dem Aufbau der Kreidefelsen.

Werfen wir einen Blick auf die Tierwelt und ihre geologi=
sche Bedeutung, so erinnern wir uns zuerst der Korallen und
ihrer Tätigkeit. In seichten Meeren führen sie bei etwa 20 bis
25° Celsius, möglichst außerhalb des Bereiches von Strom=
mündungen, ihre Riesenbauten auf. Diese sind als Riffe und
Bänke bekannt und finden sich besonders häufig im Stillen Ozean.
Dort haben sie nicht allzu selten eine Mächtigkeit von 1000 m;
Barriereriffe von 2000 m Länge sind wiederholt nachgewiesen.

Wie seit Jahrtausenden arbeiten noch heute die Kammer=
linge oder Foraminiferen an der Schichtenbildung. Es sind dieses
einzellige, winzige Geschöpfe, die ein zartes Gehäuse ausscheiden
und es dann durch Einlagerungen und Ausscheidungen fester
machen. In verschiedenen Tiefen finden sie sich vom Strande
bis in die offene See hinaus, und ihre Gehäuse rieseln nach
dem Absterben in Unmengen auf den Meeresboden hernieder
und überziehen mit dem feinen, blauen, grünen und roten
Schlamm der Tiefsee auf dem Meeresgrunde Tausende von
Quadratmeilen. In ähnlicher Weise betätigen sich die Strah=
linge oder Radiolarien. Geißelinfusorien bilden Lager von
Eisenerzen, die in Schweden abgebaut werden und nach einer
Reihe von Jahren bei der schnellen Vermehrung der Tiere
wieder „nachgewachsen" sind. Muscheln scharen sich zusammen
und setzen sich auf dem felsigen Untergrunde selbst oder an ihren
Nachbarn fest, so daß ganze „Muschelbänke" entstehen. Würmer
und Insekten in verschiedenen Entwicklungszuständen durchwühlen
den Boden und ordnen dessen Bestandteile nach der Korngröße;
dabei gelangen die feineren Bestandteile nach oben, die gröberen
in die Tiefe, so daß unfruchtbarer Boden sich mit einer üppigen
Pflanzendecke überziehen kann. Vögel wie Säugetiere bilden aus
ihren Abfällen ganze Lager, die besonders deshalb bekannt sind,
weil sie in der Landwirtschaft mit großem Vorteil Verwendung
finden. Reste von Knochen bzw. Eierschalen lassen sich dann in
derartigen Schichten als Leitfossilien antreffen. Daß auch hoch=

stehende Geschöpfe in hohem Maße derartige Umgestaltungen herbeiführen können, zeigt der Biber, der Flüsse abdämmen und Seen abfließen läßt. Sogar der Mensch hat mit seinen Küchen=abfällen, den sog. Kjökkenmöddinger, an der Seeküste Schichten bis zu 3 m Höhe, 100 bis 300 m Länge und 50 bis 150 m Breite in der Vorzeit entstehen lassen. Sie bestehen vorzugsweise aus Muschelschalen und Fischresten und gelangten auch an unseren Küsten, z. B. am Gestade der Putziger Wiek und der Frischen Nehrung, zur Bildung.

Die Hauptgliederung der geologischen Schichtenfolge.*)

(Nach A. Jentzsch.)

Känozoisch	Quartär	Alluvium als Bildung der Jetztzeit. Diluvium oder Pleistozän.
	Tertiär	Pliozän. Miozän. (Braunkohle!) Oligozän. (Braunkohle und Bernstein!) Eozän.

*) Auf die archäische Periode, die Urzeit [arche (gr.) = Ursprung], aus der keinerlei Versteinerungen erhalten sind, folgte die paläozoische Zeit mit fremdartig anmutenden Lebewesen [palaios (gr.) = alt und zoon (gr.) = Lebewesen]. Die neueste Zeit ist die kainozoische, welche die jüngsten, teilweise noch jetzt lebenden Geschöpfe besitzt [kainos (gr.) = neu]; zwischen ihr und den älteren steht vermittelnd die mesozoische [mesos (gr.) = in der Mitte]. Eine Zahl von Bezeichnungen ist von Landschaften hergeleitet, wie Devon von der Grafschaft gleichen Namens (Devon = Devonshire) in England, oder von alten Völkerschaften, wie Silur von den Silurern, die gewisse feste Sitze mit bemerkenswerten Gesteinen innehatten. Die Jurazeit hat ihren Namen von den Schichtenbildungen des schwei=zerischen Jura erhalten, die Kreide von dem damals hauptsächlich abge=setzten charakteristischen Gestein. Mit dem Eozän beginnt eine neue Zeit [eos (gr.) = Morgenröte], während im Oligozän die moderneren Geschöpfe sich zuerst freilich nur in geringer Anzahl [oligos (gr.) = wenig], bald aber in größeren Mengen einstellen [meion (gr.) = weniger, pleion (gr.) = mehr, pleiston (gr.) = das meiste]. Den Beschluß bilden Diluvium oder Eiszeit [diluvium = Überschwemmung, Sintflut] und Alluvium oder Jetztzeit [alluvio = Anschwemmung].

Mejozoisch	Kreide.....	Obere	Senon. (Schreibkreide!)
			Turon. (Viele Quadersandsteine!)
			Cenoman. (Grünsand!)
		Untere	Gault.
			Neokom. (Wälderkohle!)
	Jura	Oberer oder weißer Jura (Malm).	
		Mittlerer oder brauner Jura (Dogger).	
		Unterer oder schwarzer Jura (Lias).	
	Trias	Keuper.	
		Muschelkalk.	
		Buntsandstein.	
Paläozoisch	Perm oder Dyas	Zechstein.	
		Rotliegendes.	
	Karbon......	Produktive Steinkohlenbildung.	
		Kulm und Kohlenkalk.	
	Devon.		
	Silur.		
	Kambrium.		
	Präkambrium oder Algonkium.		
Archäisch	Kristalline Schiefer und Gneise als älteste bekannte Ge= steine.		

Die Formationsreihe stellt zunächst ein Schema dar. Mit ihren vielen hundert Unterabteilungen gestattet sie eine durchaus genügende Verständigung bei der Erforschung der Erde. Ist irgend eine Schicht in diesem System untergebracht, so weiß der Geologe, welche jüngeren über ihr und welche älteren unter ihr zu erwarten sind. Es ist das eine Einordnung, die von großer Bedeutung ist. Wie heute, entstanden auch in früheren Zeiten gleichzeitig an verschiedenen Orten verschiedenartige Bildungen. Und wie in diesen Tagen Dünen und Flußsande, Torfmoore und Schlickabsätze, Sandbänke und Kalkschlamm nebeneinander entstehen, haben wir uns ähnliche gleichzeitig entstandene Absätze auch in früheren Zeiten vorzustellen. Jede einzelne Formation und jede ihrer Stufen hat verschiedene Ausbildungsformen, die man als Fazies bezeichnet. Man spricht daher von einer Land=, Süßwasser= und Meeres=Fazies mit dem gleichen Rechte wie von einer sandigen, tonigen, kalkigen usw. Erwähnt mag noch werden, daß die Entstehung des Elbsandsteingebirges und der weißen Kreidefelsen Rügens in die als „Kreide" bezeichnete Formation fällt. Die Formation gibt also nur die Stellung in der Schichtenfolge an, nicht etwa die Gesteinsbeschaffenheit.

Reste von Tieren und Pflanzen, die nur in ganz bestimmten, engbegrenzten Abschnitten der Formationsreihe auftauchen, leiten bei dem Zurechtfinden und Erkennen der einzelnen Schichten; sie führen daher die Bezeichnung Leitfossilien. Fehlen sie, so ist die Bestimmung der Schicht nicht ohne weiteres möglich; dann müssen die über= oder untergelagerten Schichten mit ihren Resten organischen Lebens bei der Einordnung zu Rate gezogen werden.

Die Gesteine des Ostseebeckens. — Der größte Teil Skandinaviens, Finnland und mehrere Inseln der Ostsee bestehen aus kristallinen Silikatgesteinen. Diese bauen sich aus verschiedenen Mineralien auf, die sich nach ihrem Verhalten bestimmen lassen, deren äußere Gestalt aber nicht oder nur selten entwickelt sind. Eine derartige Ausbildung ist eine kristalline. Die meisten der in ihnen enthaltenen Mineralien enthalten Kieselsäure und stellen Verbindungen mit ihr dar; man nennt sie deshalb Silikate nach der lateinischen Bezeichnung „silex" für Kiesel. Weisen sie keinerlei erkennbare Anordnung auf, so nennt man sie massig, ist bei ihnen eine bestimmte Struktur erkennbar, die flaserig — d. h. die Spaltflächen des in parallelen Lagen geordneten Gesteins lösen sich in gewundene Faserbündel auf — oder als unebene Schichtung hervortritt, so haben wir es mit Gneis oder kristallinen Schiefern zu tun.

Geologisch haben die Gesteine ein hohes Alter, sie sind archäischer oder paläozoischer Herkunft. Nach den Mineralien, die sie aufbauen, führen sie verschiedene Benennungen. So besteht Granit z. B. aus Quarz, Alkali=Feldspat und Glimmer; der letztere zeigt oft einen silberigen, bei verwitterten Stücken einen goldigen Glanz, so daß unerfahrene Strandwanderer wohl die Meinung gewannen, Proben eines gold= oder silberführenden Gesteins angetroffen zu haben. Die gleichen Mineralien bilden bei schieferiger Struktur den Gneis, der also als ein schieferiger Granit bezeichnet werden könnte. Mengen sich ihm andere Mine= ralien in reicher Menge bei, so spricht man von Granatgneis oder Magnetitgneis. In dem ersteren finden sich Granatkristalle, wie sie bei edler Ausbildung als Schmuckstein Verwendung finden, im zweiten schwarz gefärbter Magnetit, der beim Zerfall der Gesteinsblöcke in der Brandung unberührt zurückbleibt und den Strand in eigenartiger Weise färbt. Diese beiden Gneis= arten kann man in weiten Gebieten Schwedens antreffen.

Aus den Trümmern dieser alten kristallinischen Gesteine und deren Umwandlungsprodukten bilden sich fast sämtliche jüngeren Gesteine des Ostseegebietes; da sie sich aus derartigen Bruchstücken aufbauen, nennt man sie klastisch. Alle weisen Schichtung auf; gleich den Gesteinsblöcken, die während der Ver= gletscherung von den Eismassen aus nördlichen Gebieten bis nach Norddeutschland geschleppt wurden, gelangte ihr Material als „Nordische Geschiebe" an den jetzigen Ort.

Schichten des Kambriums und Silurs finden sich an den deutschen Küsten nicht, Devon ist nur bei Memel 254 m unter dem Meeresspiegel angetroffen worden. Karbon und und unteres Perm sind im ganzen Ostseegebiete unbekannt. Das obere Perm ist bei Memel 28 m mächtig, liegt aber 226 m tief im Meere. Ihm oder der Trias sind die großen Gips= und Steinsalzlager des norddeutschen Flachlandes zuzuzählen, welche von Hohensalza in der Provinz Posen bis nach Lüneburg in der Provinz Hannover hin sich aneinander reihen. Auch eigen= artige, sog. Purmaller Mergel, die von 137 m Mächtigkeit in und um Memel in 90—100 m Tiefe unter dem Meeresspiegel erbohrt wurden, gehören zur Trias. — Jura tritt in Kurland stellenweise an die Oberfläche und ist bei Memel 50 m, bei

Königsberg 300 m tief unter dem Meere ermittelt worden; in örtlich begrenzten Klippen tritt er weiter westlich bei Kolberg und an den Odermündungen wieder zutage. Seine tiefste Stufe, der Lias, kommt auf Bornholm vor, ist ostwärts aber nicht weiter als bis Berlin und Cammin in Pommern bekannt. Der pommersche und ostpreußische Jura haben verschiedene Fazies, stellenweise tritt er wahrscheinlich an den Meeresboden heran. Von der Kreideformation ist das an der deutschen Ostseeküste fast überall bekannt. Zwischen Königsberg und Memel mit groben Sanden und Sandsteinen beginnend, bildet sie ihrer Hauptmasse nach einen feinsandigen Mergel, der in diesem Falle aus Kalkstaub, sehr feinen Quarzkörnchen und noch feineren Körnchen von sog. Glaukonit besteht. Diese fast 300 m mächtige Mergelmasse umschließt eine etwa 2 m starke Bank weißer Kreide, die nach Westen hin immer mächtiger wird und als der gewaltige Kreidefels Rügens am Ufer aufragt. Die Nordgrenze der Kreidebildungen verläuft durch das nördlichste Ostpreußen. Soweit die norddeutschen Kreidegesteine nicht weiße Schreibkreide sind, enthalten sie neben Kalk immer Glaukonitkörnchen. Diese sind sehr klein, traubig aufgebaut und schwärzlich gefärbt; nach dem Zerdrücken erscheint ihr Material lebhaft grün.

In den verschiedensten Schichten der Kreideformation trifft man auf Konkretionen. Es sind das größere oder kleinere Anhäufungen härterer Stoffe. Aus reiner Kieselsäure besteht der Feuerstein (Flint) der Schreibkreide; minder harte, ähnliche Knollen, die mit Grünsand durchsetzt sind, treten in den andern Kreideschichten als „Harte Kreide" auf. Andere knollenartige Bildungen von erheblichem Phosphorsäuregehalt sind die Phosphorite. — Auch der Ton der Juraformation führt Konkretionen, von denen die aus Toneisenstein an unseren Küsten die bekanntesten sein dürften. Gesteine der Kreide- und der Jurazeit sind leicht zu unterscheiden; nur sie enthalten in Norddeutschland Reste von Tintenfischen, Ammoniten

(Ammonshörner) und Belemniten (sog. Donnerkeile),
der Jura die ersteren, Kreide die letzteren.

Von den Schichten des Tertiärs ist Eozän auf deutschem Ge=
biete nicht vertreten, Oligozän findet sich als Glaukonitforma=
tion im Samlande 75 m mächtig, bildet nach Westen hin
immer geringere Schichten und erreicht bei Stettin als „Stet=
tiner" Sand und als sog. „Septarienton" wieder größere Mäch=
tigkeit. In der Glaukonitformation des Samlandes wird Berg=
bau auf Bernstein betrieben. — Das Miozän ist im Samland,
in Westpreußen und Hinterpommern reichlich vertreten und
bildet hier einen großen Teil der Steilküsten. Es führt hier
Braunkohle in dünnen Bänken und stellt kalkfreie Schichten
dar, die sich aus Quarzsanden — teilweise mit Glimmerschüppchen,
Ton und sandigem Ton (Letten) aufbauen. Weiter westlich
geht er schließlich in Holstein in einen muschelreichen Meeres=
absatz, den „Glimmerton", über. Pliozän fehlt im Gebiete
der Ostsee.

Auf die Zeit, als diese Schichten sich bildeten, folgte das
Diluvium. Aus den nördlichen Gebieten zogen gewaltige
Gletscher über das Gebiet der heutigen Nord= und Ostsee fort,
bis an das deutsche Mittelgebirge heran. Zeitweise traten sie
etwas zurück und gaben Veranlassung zu den sog. Interglazial=
zeiten. In diesen kamen die eisbedeckten Teile der Erdober=
fläche dann wieder an das Tageslicht. Aus jener Zeit
stammen noch die großen Blöcke in unserer Gegend, ebenso die
ton= und kalkhaltigen Mergel, wie sie auch heute noch von
vielen Gletschern an ihrer Sohle mitgeführt werden.

Alle vorher besprochenen Formationen überdeckt in den
deutschen Ostseeländern eine 100—200 m mächtige Decke von
Alluvium. In ihr finden sich Gesteine aller älteren Schichten
des Ostseegebietes als Geschiebe. Etwa die Hälfte aller nord=
deutschen Diluvialschichten bildet „Geschiebemergel". In seiner
Grundmasse, die sich aus kleineren Geschieben, Sanden, Staub

und Tonteilchen zusammensetzt und etwa 10—12% kohlen=
sauren Kalk enthält, sind größere und kleinere Gesteinsblöcke
unregelmäßig verteilt. Oberflächlich ist er bis etwa 1 m durch=
schnittlich ausgelaugt und dadurch zu „Geschiebelehm" ge=
worden. Der Geschiebemergel wurde durch eine gewaltige zu=
sammenhängende Gletschermasse, die sich langsam vorschob und
die heutige Ostsee wiederholt überschritt, um ebensooft wieder
nach Norden zurückzuweichen, über das Land und große Teile
des Meeresbodens ausgebreitet. In den Zeiten des Rückzuges,
in den „Interglazialzeiten", und am Rande der Gletscher=
massen wuschen Schmelzwässer, Flüsse und Wellen von Binnen=
seen und Meeresbuchten den Geschiebemergel aus und sonderten
sein Material nach der Korngröße. Daher treffen wir mitten
im Diluvium, unter oder über dem Geschiebemergel, Blockan=
häufungen, Grand und Sand von verschieden feinem Korn und
mergeliges Material. Diese Absätze sind sämtlich geschichtet,
die Tone parallel, die gröberen Sande und Grande oft in dia=
gonaler Ausbildung.

Das Alluvium endlich bildet an unseren Küsten die Fluß=
absätze in Form von Sand und Schlick, den Strandsand des
Meeres und entsprechende Absätze der Binnenseen, die Humus=,
Moor= und Torfböden und die unter ihnen vielfach vorkommen=
den Wiesenkalke, Wiesenmergel, Diatomeenerden, Raseneisensteine
und schließlich die Dünen.

Die Gesteine des Nordseebeckens. — Die Trias Eng=
lands wird auf deutschem Gebiete in den roten Gesteinen von
Helgoland, Stade in Hannover und Lieth bei Elmshorn in
Holstein vertreten. Auf Helgoland finden wir eine außerordent=
lich deutliche Schichtung, doch läuft diese nicht horizontal wie
bei den ähnlichen Gesteinen Ostpreußens, sondern in geneigten
Lagen und mit steilgestellten Bruchflächen. In der Umgebung
der Nordsee und bei vielen Formationen des westlichen Teils
der Ostsee kommt eine derartige Lagerung vorzugsweise vor,

während an anderen Orten verschiedenartig gefaltete Schichten
auftreten.

Diese geneigte Lage der Schichten läßt am Meeresgrunde
ganz verschiedene Gesteine in geringer Entfernung voneinander
hervortauchen. Die weicheren sind zu Rinnen ausgenagt, die
härteren ragen als Meeresklippen in Reihen zur Oberfläche
empor. Die Hauptinsel Helgolands besteht aus Buntsandstein
und sinkt, der Schichtenstellung entsprechend, nach Nordosten
bald unter den Meeresgrund hinab. Darauf folgt eine Klippen-
reihe des darüber lagernden Muschelkalkes in der Richtung von
Nordwest nach Südost, darüber wieder rote Tone und Kalke
des unteren Keupers. Diesen folgen sämtliche Hauptstufen der
unteren und oberen Kreide, darüber schließlich Diluvium mit
nordischen Geschieben. Nirgends treten diese Schichten zutage,
doch liefert ihr Material das der Düne von Helgoland. — So
bezeichnen hier Hauptinsel und Düne die ältesten und die jüngsten
Schichten; der zwischen beiden liegende Ankergrund setzt sich dagegen aus den verschiedensten zusammen, die hinabgesunken oder
wegen ihres weichen Materials ausgewaschen wurden.

Jura und Kreide kommen für die deutsche Nordseeküste
nicht in Betracht, vom Tertiär tritt nur das Miozän hervor.
Die von ihm gebildeten Schichten sind hier fast alle weich und
leicht zerstörbar, tonig oder sandig, enthalten meist Kalk beige-
mischt und viele Muschelschalen und Schneckengehäuse.

Die Diluvialschichten der Ostsee reichen mit ihrem Gesteinsmaterial bis hierher herüber. Westlich von der Elbe nehmen
sie nur noch in geringer Mächtigkeit an der Bodenbildung teil
und reichen nach Westen etwa bis zur Rheinmündung. In
ähnlicher, wenig mächtiger Lagerung treten sie auch im Untergrunde der Nordsee auf.

Die Südgrenze der skandinavischen Vergletscherung verlief über Dortmund nach Duisburg an den Rhein und längs
dieses Flusses bis zu seiner Mündung. Von hier zog sie sich

zur Themsemündung, so daß man sich im Nordseebecken eine
Verschmelzung der skandinavischen mit der schottischen Verglet=
scherung vorstellen muß. Freilich kann man nicht mit Sicher=
heit sagen, ob die letztere als wirkliches zusammenhängendes
Inlandeis oder nur als Packeis die jetzige, große Meeresbucht
zwischen Skandinavien und Großbritannien erfüllten.

Genaueres weiß man von der Entstehung der Ostsee und
ihren Ausbuchtungen in spät= und postglazialer Zeit zu berichten.
Als die gewaltigen Eismassen, die diesem Meere sein heutiges
Bett aushöhlten, sich zurückgezogen hatten, machte der Wasser=
spiegel in diesen Gebieten verschiedene Schwankungen durch.
In der ersten Zeit besaß die Ostsee eine viel größere Aus=
dehnung als heute. Südschweden bildete eine Insel, und über
seine großen Seen hinweg bestand eine Verbindung mit dem
Skagerrak, desgleichen über die russischen Seen eine weitere mit
dem Weißen Meere. Das Wasser des Eismeeres hatte also
freien Zutritt zu diesem Yoldia=Meer, das im mittleren
Schweden Ablagerungen bis zu 100 m, im westlichen Finn=
land sogar bis zu 200 m über dem heutigen Meeresspiegel
bildete. Diese setzen sich vorzugsweise aus Sand und Ton zu=
sammen, enthalten arktische Konchylien und unter diesen beson=
ders die Muschel Yoldia arctica. Die tonigen Absätze bezeichnet
man deshalb auch als Yoldia=Ton.

Als dann das nordische Eis sich immer höher auf die Ge=
birge und in seine Schluchten zurückgezogen hatte, bildete sich
in der Nähe des Meeres mehr und mehr ein milderes Klima
aus. Am westlichen Ausgange der heutigen Ostsee stieg das
Land empor und bildete eine Landbrücke von Schonen über
Seeland nach Jütland; in ähnlicher Weise verschloß sich auch
die Verbindung mit dem Weißen Meer, und aufstrebende Wälder
begannen sich mehr und mehr auszudehnen. Auch in diesem
gewaltigen Binnensee kam es zur Ablagerung von Schichten,
die heute auf Estland bis 45 m, in Gotland noch bis 40 m

über dem Meeresspiegel emporragen. Auch in ihnen findet sich wieder ein Leitfossil, nämlich die charakteristische Süßwasser= schnecke Ancylus fluviatilis; nach ihr benennt man die da= malige Ostsee als Ancylus=See.

Dann trat abermals eine Senkung ein. Eine neue Ver= bindung mit der Nordsee machte das Binnenmeer zu einem salzigen Mittelmeer. Das Land sank damals verschieden tief unter den Wasserspiegel hinab, Schonen z. B. nur 3—4 m, Südfinnland dagegen etwa 50 m. Die Fauna jener Zeit er= innert bereits an die der heutigen Ostsee, doch lebte damals in ihr noch die Auster. In den Ablagerungen findet man als leitendes Fossil die Schnecke Litorina litorea, nach der man von einem Litorina=Meer jener Zeit spricht. Ablagerungen jener Periode findet man in geringer Ausdehnung auch an der Küste Holsteins und Mecklenburgs.

Nachträgliche Senkungen, die mit dieser letzten in Zusammen= hang stehen, können in den Einbrüchen des Meeres in der Zui= dersee, dem Dollart und Jadebusen, sowie in der dauernden Zerstörung der friesischen Inseln gesehen werden.

Für das ganze Gebiet der Nord= und Ostsee hat also das nordische Diluvium ein recht gleichartiges Material für die Bildung von Meeressand und den Aufbau der Dünen zu Gebote gestellt. Der Rhein hat freilich zur Zeit des Diluviums be= reits aus seinem Stromgebiete anders beschaffene Substanz herbeigeführt und daraus sein Delta, die jetzigen Niederlande, aufgebaut.

Die Verwitterung der Mineralien. — Die Bestand= teile der Gesteine, die Mineralien, zerfallen, wie alle anderen Körper, wenn sie unter Verhältnisse gelangen, die ihren Zu= sammenhang zu lockern vermögen. Die Gesteine entstanden im Erdinnern oder auf dem Grunde des Meeres und würden hier fast unverändert dauernden Bestand haben. Kommen sie nun aber an die Erdoberfläche, so sind sie auf einmal dem Ein=

fluß der Luft und des Wassers, dem Wechsel der Witterung und besonders dem der Temperatur preisgegeben.

Die Luft mischt sich dem Wasser bei und gelangt mit ihm bis tief in den Boden hinein. Mit ihrem Sauerstoffe bildet sie aus allen weniger widerstandsfähigen Verbindungen, Sauerstoffverbindungen, sog. Oxyde. Reste aus dem Tier= und Pflanzenreiche, die Kohlen= und Wasserstoff enthalten, lassen aus ihrem Kohlenstoff das Kohlendioxyd, sog. Kohlensäure, und aus ihrem Wasserstoffe Wasser hervorgehen. Metalle verrosten, und Oxydverbindungen, die noch mehr Sauerstoff aufzunehmen vermögen, tun das. Oxydule werden zu Oxyden. Daher werden grau und grünlich gefärbte Gesteine an ihrer Oberfläche gelbbraun.

Das Wasser löst Gips, Kochsalz und andere salzartige Körper; hat es Kohlendioxyd gelöst, so wirkt es kräftig lösend auf Kalkstein und macht sich ätzend, umsetzend und schließlich auch teilweise lösend sogar an die Mineralien, welche Kieselsäure enthalten, die bereits erwähnten Silikate. Ähnliche Wirkung zeigen die in der Ackerkrume und Gartenerde entstehenden Verbindungen, die sog. Humusstoffe, und die Wurzeln lebender Pflanzen. Mit ihren zarten Wurzelhaaren legen sie sich an die Ober-

Fig. 20. Lichte Wurzelerosionen auf einem dunkelgefärbten Phosphoriten. (Oberl. Baenge-Zoppot phot.)

fläche der Mineral= und Gesteinsteilchen und beschleunigen durch Ausscheidung von Kohlendioxyd deren Zerfall. Die dabei entstehenden löslichen Stoffe nimmt die Pflanze für sich in Anspruch; wo ihre zarten Härchen anlagen, erkennt man noch später an eigenartigen Zeichnungen und feinen Vertiefungen, den sogen. Wurzelerosionen. (Fig. 20.)

Feldspat ist besonders für die Verwitterung empfänglich; von dem festen, glänzenden Kristall bleibt dann die weiße Porzellanerde zurück. Als Gegenstück ist Quarz zu nennen, der unter natürlichen Verhältnissen fast unlöslich ist. Bei seiner Härte widersteht er auch mechanischen Eingriffen der verschie-

densten Art. Aus den ältesten Gesteinen stammend, hat er in
Form von Sandkörnern vielleicht in späteren Zeiten bereits an
der Bildung so mancher Sedimentgesteine teilgenommen und
ruht schließlich am Ufer des Meeres, um, der Laune der Wellen
und des Windes nachgebend, noch fast unbegrenzte Zeit Wider=
stand zu leisten. Der stark empfindliche Feldspat vermag da=
gegen nur wenige Umlagerungen auszuhalten. — Als dritter
Bestandteil des Granit ist Glimmer noch zu erwähnen. Seine
weißlichen, silberglänzenden Arten sind recht beständig, besonders
weil seine feinen, zarten Schüppchen von bewegtem Wasser leicht
getragen werden und daher jeder gewaltsameren Einwirkung, z. B.
Stößen, leicht entgehen. Die dunkleren, braun und schwärzlich
gefärbten Glimmerarten werden von Sauerstoff lebhaft verän=
dert, sie erhalten dabei eine goldige bis kupferige Färbung und
zerfallen mehr und mehr. Hornblende und Augit sind eben=
falls in stärkerem oder schwächerem Maße an der Gesteinsbil=
dung beteiligt; sie verwittern langsamer als Feldspat.

Aus diesem ungleichen Verhalten der Mineralien ist die
Verwitterung der Gesteine in ihrer Eigentümlichkeit zu
verstehen. An der Erdoberfläche werden sämtliche Felsarten,
wie man die Gesteine sonst wohl auch bezeichnet, je nach der
Widerstandsfähigkeit der Mineralien oder ihrer Empfindlichkeit
gegen äußere Einflüsse verändert. (Fig. 21.) Haben ihre Be=
standteile große Neigung sich zu verändern oder treten die leicht
zersetzbaren in der Hauptmenge auf, so zerfällt das Gestein zu
Grus. Der Granit zerfällt z. B. zu einem bröckeligen Haufwerk
von Quarzen, Glimmerschüppchen und einer tonigen Zwischen=
masse. Sind die widerstandsfähigen Bestandteile in der Haupt=
masse, so wittern die anderen heraus, und an ihrer früheren
Stelle bilden sich Hohlräume. Für den Fall, daß das Gestein
plastisch ist, sinken diese zusammen, z. B. dort, wo Mergel
durch Entkalkung zu Lehm oder Ton wird, und die Gesamt=
masse nimmt wieder eine einheitliche Form an.

Durch fortgesetzten Wechsel der Witterung entsteht im Gegensatz zu der eben geschilderten chemischen eine mechanische Verwitterung. Vorzugsweise die Wirkung des Frostes wäre an unseren Küsten zu erwähnen. Die Feuchtigkeit eines jeden Gesteins, die sich besonders in Rissen und Spalten ansammelt, wird im Winter zu Eis und treibt die Fugen noch weiter auseinander. In diese fallen Sandkörnchen, und Pflanzen benutzen

Fig. 21. Stark verwitterter Geschiebeblock aus Granit vom Strande zwischen Hoch-Redlau und Steinberg bei Zoppot an der Ostsee. Der die früheren Klüfte ausfüllende Quarz tritt jetzt als widerstandsfähigerer Bestandteil in erhabenen Leisten hervor. Verkl. 1 : 22.
(Oberl. Vaenge-Zoppot phot.)

diese Öffnungen und senken ihre Wurzeln hinein. In jedem Winter wiederholt sich das Spiel, und die Zerklüftung schreitet immer weiter vor.

Eine Unterstützung findet dieser Verwitterungsvorgang in der Bodenfeuchtigkeit und dem Wechsel des Grundwasserstandes. Verschiedene Gesteine nehmen meist ganz bestimmte Böschungswinkel an, unter denen sie ihren Zusammenhang bewahren können. Dieser ist vom Feuchtigkeitsgehalte aber in hohem

Maße abhängig. Bei Trockenheit kann Ton und ähnliches
Material senkrechter Wände abstürzen, in feuchtem Zustande fließt

Fig. 22. Niedergehender Schlammstrom an der „Kliffküste" bei Adlershorst, nahe Zoppot.
Vorn sog. „Natürliches Steinpflaster". (Oberl. Baenge-Zoppot phot.)

es dagegen in Schlammströmen am Abhang herab oder veranlaßt größere Rutschungen. Im Gegensatz dazu hat feiner,

feuchter Sand einen gewissen Zusammenhang, trockener und aus=
getrockneter dagegen gar keinen. (Fig. 22.)

Nun geben grobe Sande ihren Feuchtigkeitsgehalt ebenso
schnell ab, wie sie ihn aufnehmen, feine Sande lassen solche
Vorgänge sich langsamer abspielen, noch langsamer Tone. Bei
der wechselnden Feuchtigkeit im Laufe des Jahres nehmen die
übereinander gelagerten Schichten daher abwechselnd verschiedene
Böschungswinkel an. Da sie sich aber gegenseitig tragen, er=
folgt ein Herabrieseln und Abbröckeln aller der Gesteinsteile,
bei denen je nachdem der Wechsel in der Feuchtigkeit den in=
neren Halt geraubt hat.

Pflanzenwuchs durchspinnt den Boden mit Wurzelfasern,
hält mit dem Blattwerk die zerstörende Wirkung von Wind und
Regen auf und hemmt die Gewalt der Rinnsale. Er bringt
das langsame Zurückschreiten von Gehängen also fast zum Stehen.
Wo dieser Schutz aber fehlt, und besonders dort, wo die Meeres=
wellen, Ströme und Bäche durch Unterspülung tätig sind, wan=
dert das Gehänge mehr und mehr zurück. Diese Unterspülung
wirkt nicht allein zerstörend auf das Gestein; sie arbeitet in
Gemeinschaft mit den beschriebenen und vielen anderen Kräften
dauernd an ihrem Werke. Besonders der dauernde Wechsel
von Wasser und Wärme und der abwechslungsreiche Aufbau
aus Schichten unterstützt sie in hohem Maße. Nicht nur von
den leichter beweglichen Gesteinen der deutschen Küsten gilt
dieses, sondern auch von den festeren, freilich ist bei ersteren
mehr die mechanische, bei letzteren mehr die chemische Verwitte=
rung tätig.

Die oberflächliche Zerstörung bedingt neue Bodenformen. —
Haben Gewässer sich ein Tal eingeschnitten, so spricht man von
„Erosion" (rodere = nagen), Wasserfälle und Wasserwirbel
kolken sich durch „Evorsion" (vorare = schlingen) Kessel aus,
Küstenmeere tragen durch „Abrasion" (radere = schaben, weg=
schwemmen) Schichten ab; erfolgt eine Erniedrigung größerer

Landflächen durch Zerstörung des Gesteinsmaterials, so war „Denudation" (nudare = entblößen) tätig, während entsprechende Wirkungen durch den Wind „Deflation" (flare = blasen, wehen) hervorrufen.

Der Strand.

Der Binnenländer, der zum ersten Male einen Badeort an unserem Strande besucht, erwartet meist etwas anderes zu finden als die meist breite, mit feinem Sande bedeckte Küste. Wenn ihn nicht Bilder in illustrierten Zeitungen bereits aufgeklärt haben, vermutet er meist am Gestade steile Küsten mit Felsklüften und unwegsamen Pfaden. So haben ihm die Seeromane aus der Jugendzeit den Meeresstrand geschildert oder Erzählungen Bekannter, die Rügen aufsuchten. Statt aller erhofften wilden Partien findet er nun den breiten, flachen Strand, der sich als gelbes Band an der Wasserkante dahinzieht. Ihm ist es zu danken, daß an gewissen Stellen die Fischerdörfer von vielen Sommergästen besucht werden und allmählich zu einem gewissen Wohlstand kommen. Der feine, körnige Sand zusammen mit dem flachen Strande gestatten ein bequemes Baden und ein ungefährliches Spiel mit den heranrollenden Wellen der Brandung.

Steilküsten in engerem Sinne fallen bis zu großen Meerestiefen von Hunderten von Metern Höhe hinab. An der Fjordküste Norwegens treten sie in reicher Menge auf. Wo aber nur flache Meere vorhanden sind, wie an den Gestaden der deutschen Meere, trennt die steilen Küsten ein schmaler, fast ebener Strand von einem sanften Abfall des Meeresbodens. Er liegt meist trocken und wird nur zeitweilig von den Fluten bedeckt. — Diese Küstenbildung führt die Bezeichnung Kliffküste. An ihr treten, wie bei Adlershorst an der Danziger Bucht, steilere Böschungen und am Fuße des Gehänges Trümmerhaufen

der abgestürzten Gesteinsmassen auf. In ihnen hängen oft so=
gar noch Bäume mit ihren Wurzeln fest; sie gediehen vordem
oben am Gehänge und stürzten mit ihrem gelockerten Boden in
die Tiefe. Bei Stürmen überfluten die Wellen den Strand
und unterwaschen die Schuttmassen; man sagt, sie veranlassen
eine Erosion. Dann rutschen immer neue Teile von ihnen
nach, und endlich ist die feste Gesteinsmauer dann so weit frei
gelegt, daß ein neuer, größerer Sturz stattfindet. Diese Ab=

Fig. 23. Kliffküste bei Adlershorst mit abgestürzten Bäumen und mit Gesteinsblöcken, die
nach früheren Abstürzen aus dem loseren Gesteinsmaterial herausgewaschen wurden.
(Oberl. Baenge-Zoppot phot.)

stürze bestehen teils aus trockenen Bodenmassen, teils aus
Schlammströmen; in der Zeit von einem zum anderen erfolgen
verschiedene kleinere, und Regen und Wind sorgen dauernd für
ein Herabrieseln von Sand= und Schlammteilchen. Die kleineren
und die feineren Bestandteile nimmt die Welle mit sich fort,
nur die größeren Gesteinsblöcke bleiben zurück und brechen die
Gewalt der auflaufenden Wellen. Freilich ist der Schutz, den
sie der Küste gewähren, nur gering. Gehen die Wellen hoch,
so lassen sie diese großen Geschiebe an ihrer Stelle liegen, beim

Zurückfluten brechen sie sich aber an ihnen und spülen neben und unter ihnen kleine Rinnen aus. Diese haben allerdings keine lange Dauer, aber sie entstehen immer wieder und wieder und lassen die Blöcke im Laufe der Jahre langsam in die Tiefe versinken. Später zeigt dann draußen im Meer ein Steinriff wohl die Stelle eines früheren Strandes an. (Fig. 23.)

Bildet Granit, Gneis oder anderes Gestein die Blöcke, so bleiben sie lange erhalten. In den Fluten des Meeres sind sie vor der Verwitterung fast vollständig geschützt, auch die Bewegung des Wassers vermag ihnen nichts anzuhaben, wohl aber arbeiten und reiben beständig an ihnen die Sandkörnchen und die kleineren Geschiebe. Blöcke von geringerer Größe werden als Spielball der Wellen dauernd auf dem sandigen Meeresboden hin- und herbewegt, von größeren Sturmwellen wohl auch gegen die Küste geschleudert, wo sie die Wirkung der Brandung vermehren und dabei eine mehr oder weniger rundliche Form annehmen. Je nach der Härte erfolgt diese Abrundung langsamer oder rascher. Kalkstein wird verhältnismäßig wenig Widerstand entgegensetzen, noch schneller bearbeitet die Welle Sandstein und am schnellsten die sog. harte Kreide. Alle Schichten, die so der Zerstörung anheimfallen, enthalten je nachdem größere oder kleinere Mengen von Sand von verschieden großem Korn und beteiligen sich daher an der Bildung des Meeressandes.

Sind die angegriffenen Schichten geneigt, so geht ihre Zerstörung noch lebhafter vor sich. Besonders wenn einige reich an Ton oder Glimmer sind, treten an ihnen Rutschungen ein. Benachbarte Küsten können bei solcher Neigung ihrer Schichten, wenn sie nach verschiedenen Richtungen laufen, deshalb recht große Verschiedenheiten aufweisen. Einzelgestaltung, Art und Schnelligkeit der Erosion, des Absatzes von Sand und anderen Sedimenten zeigen dann weitgehende Abweichungen. Auch die Zerklüftung, welche die Schichtung schräg durchschneidet, bietet der Erosion wichtige Angriffspunkte.

Zuweilen kommt es zur Ausbildung ganz eigenartiger Ver=
witterungsformen an der Kliffküste. Wo leicht zerstörbare Ge=
steinsmassen vorliegen, zwischen deren Teilchen andererseits ein
ziemlich fester Zusammenhang besteht, kommt es zur Entstehung
von Erdpyramiden. Bei dieser Bezeichnung wird man un=
willkürlich an ähn=
liche Bildungen in
der Nähe von Bozen
erinnert, und tatsäch=
lich liegt hier wie dort
die gleiche Bildungs=
weise vor. Abbil=
dungen und Beschrei=
bungen berichten uns,
daß die Pyramiden
im Schluchtental des
Finsterbachs und
seiner Seitenarme auf
beiden Seiten zu etwa
120 m anzutreffen sind
und 6—15 m Höhe
erreichen. Man be=
schreibt sie als schlanke
Säulen mit kegel=
förmigem Unterteil,
die sich nach oben ver=
jüngen und als Be=
krönung meist einen

Fig. 24. Beginn der Erdpyramiden Bildung. Abfließen=
der Regen nagt an den Abhängen der Kliffküste und mo=
delliert die Grate heraus. Steinberg nahe Zoppot.
(Oberl. Baenge=Zoppot phot.)

Felsblock tragen. Derartig gedeckte Formen sind jedoch nicht
in der Mehrzahl, sondern nur etwa als vierter Teil vorhan=
den. Neben ihnen treten auch Kegel, die oben abgestumpft
sind, und vielseitige Pyramiden auf, die Strauchwerk, eine
Rasendecke oder gar ein Bäumchen tragen. Die Formen= und

Größenverhältniſſe ſind alſo wenig einheitlich, um ſo mehr iſt
es die feinere Struktur. Die ſteilen Wände ſind überall von
ſenkrecht verlaufenden, mehr oder weniger tiefen Riſſen durch=
zogen. Zwiſchen ihnen treten trennende Rippen hervor, die an
ihrem oberſten Ende meiſt mit einem Steine beginnen. Es iſt
augenfällig, daß dieſe Ausbildung der Rippen mit der der
Pyramiden in enger Beziehung ſteht.

Meiſt entſpringen viele Einzelkegel aus einem gemeinſamen
Grundſtock und ſind bald mehr, bald weniger hoch miteinander
verwachſen; dabei ſtehen die einzelnen Schäfte bald durch ſanft
gebogene Sattelſtücke, durch dicke Mauern oder ſcharfe Grate in
Verbindung, ſo daß die ganze Gegend unwegſam wird.

Von einem erhöhten Standpunkte aus erkennt man leicht,
daß unter den Erdpyramiden eine gewiſſe Anordnung beſteht.
Zuerſt und hauptſächlich fällt die in der Talrichtung auf und
ſenkrecht dazu eine zweite. Durch dieſe zweifache Art der Grup=
pierung erſcheint die ganze Wand des Gehänges wie durchfurcht.
Vielfach tritt eine größere Gruppe hervor, die aus hohen, durch
ſteile Rinnen voneinander getrennten Wänden gebildet iſt, aus
deren Kämmen und Abhängen die Säulen emporſtreben. Seitlich
findet man dann vielfach Kämme, aus denen durch Auswaſchung
bereits die Säulenformen herausmodelliert werden. (Fig. 24.)

Derartige Geſtalten ſind von vielen Teilen der Erde bekannt.
Als die höchſten dürften die in der Kordillere von Merida mit
180 m anzuſehen ſein. — Ihre eigenartige Form hat vielfach zur
Erklärung herausgefordert, und gewöhnlich dachte man ſich ihre
Entſtehung ſo, daß man in den eingeſchnittenen Schluchten
Sammeladern bei Regengüſſen ſah. Jeder Stein ſollte das
abfließende Waſſer nach zwei Richtungen verteilen und die
Geſteinsmaſſen unter ſich vor Zerſtörung ſchützen.

Ratzel hat zuerſt eine allgemeingültige Erklärung ge=
geben. Nach ihm iſt es gleichgültig, aus welchem Material die
Säulenformen herausgearbeitet werden, wenn es nur die bereits

erwähnte Beschaffenheit hat. Eingelagerte Gesteinsblöcke be=
günstigen freilich die Bildung; doch ist ihr Vorhandensein nicht
notwendig, ebensowenig das von Trockenrissen, wie sie bei
schnellem Zusammentrocknen von durchfeuchtetem Boden ent=
stehen. Notwendig ist dagegen, daß das Gehänge stark geneigt
ist; dann entsteht ein stark verzweigtes Schluchtensystem, be=
sonders wenn die Abhänge arm an Pflanzen sind. Dabei

Fig. 25. Weiter vorgeschrittene Gratbildung. Ein Stück der früheren Pflanzendecke gab
zur Bildung eines „Tisches“ Veranlassung. Oxhöft an der Ostsee.
(Oberl. Baenge-Zoppot phot.)

werden die Rinnen um so tiefer, je leichter der Boden zerstört
werden kann. Jeder bloßgelegte Stein zwingt die aufprallenden
Wasseradern zur Teilung oder zum Ausweichen, und die ab=
stürzenden kleinen Gießbäche sägen sich in die Tiefe, während
schmale Rippen oder Wände mit steilen Abhängen zwischen
ihnen stehen bleiben Dann erst erfolgt die weitere Zerglie=
derung dieser Wände. Wasserfäden, die in der Tiefe anprallen,
in hervorragendem Maße auch der aufschlagende Regen arbeiten
ebenfalls in diesem Sinne. Rasen, Bäume und ein kräftiger

wirkendes, toniges Bindemittel veranlassen in ähnlicher Weise
einen größeren Widerstand der Oberfläche. Auch an derartigen
Stellen muß der Regen wirkungslos seitlich abfließen. (Fig. 25.)

Bei den dabei entstandenen Seitenrinnen wiederholt sich der
Vorgang, der sich an den Hauptrinnen im großen abspielte.
Jeder Widerstand lenkt einen kleinen Gießbach ab und läßt da-
durch eine neue Rippe entstehen.

Die Erosion kann nur bei energischem Vorgehen steile Gehänge erzeugen, daher ist hierbei auch das Klima am vorteil-
haftesten, bei dem kräftiger Regen mit längeren Trockenperioden
abwechselt. Solche Pyramiden werden naturgemäß auch keine
lange Dauer haben. Am längsten erhalten sie sich dort, wo
ein Gießbach im Grunde der Hauptschlucht ohne Unterbrechung
die losgelösten Teilchen und Brocken fortschafft.

Erdpyramiden stellen nach Ratzel Kämme von Wänden aus
weniger widerstandsfähigem Gesteinsmaterial dar, die durch Steil-
erosion von oben oder auch von unten durchbrochen wurden,
oder auch die letzten aufragenden Reste von teilweise oder ganz
verfallenen Schuttmauern. Für die Bildungen an den Kliffküsten ist wohl ausschließlich die erste Erklärung am Ort. Die
bekannten Wissower Klinken an der Ostküste von Rügen zwischen
Saßnitz und Stubbenkammer sind ohne Zweifel in entsprechender Weise aus der Kreide hervorgegangen. (Fig. 26.)

An den hohen Kliffküsten unserer Ufer erreichen die Pyramiden eine recht erhebliche Höhe. Ähnliche Gebilde im kleinen
zeigt wohl jeder lehmige Abhang nach kräftigem Regen. Der
Binnenländer kann sich an ihnen eine Vorstellung von den verwandten Erscheinungen machen, wie sie sich an den von Brandung, Wind und Wetter stets möglichst steil gehaltenen Abhängen der Wasserkante abspielen.

Bei kleinen derartigen Bildungen des Binnenlandes hat
vorzugsweise der Regen die modellierende Tätigkeit im Gelände übernommen. Je nach der Neigung des Bodens werden

die Wasseradern ihre Arbeit mit mehr oder weniger Lebhaftig-
keit und Erfolg verrichten. Liegt ebenes Land vor, so wird
gar nicht oder nur in geringem Maße ein Abfluß erfolgen. Je
steiler es aber ist, desto mehr wird jeder fallende Regentropfen
gezwungen sein, den Weg in die Tiefe zu suchen, und dann
mit der Schnelligkeit des Abfließens auch in verstärkter Weise

Fig. 26. Erdpyramiden von Steinberg, aufgenommen am 26. Mai 1892. (Nach einem
großen Bilde im Besitze der Naturf. Ges. in Danzig; Bankdir. Thomas-Danzig phot.)

an dem Zersägen des Bodens teilnehmen. Meist findet man
dann Schluchten eingeschnitten, während die Quergliederung
der Kammpartien noch ganz unterblieb. Doch auch eine solche
läßt sich bei nicht allzu festem Material an gewissen Stellen
beobachten, und dann zeigen sich kleine Gruppen von Erdpyramiden und belehren uns, wie ihre großen Verwandten am
steilen Meeresufer zur Entstehung gelangten.

An den einzelnen Küsten verläuft die Erosion mit verschie=
dener Geschwindigkeit. Die Art und Beschaffenheit der Gesteine,
die Richtung der Küstenlinie, das Auftreten und Fehlen von
Ebbe und Flut, die Pflanzendecke, die Winde in ihrem Wechsel
und in ihrer Stärke, Strömungen und Temperaturänderungen
arbeiten ununterbrochen in wechselndem Maße. An denselben
Punkten der Küste ändert die Erosion in ihrer Wirkung und
Leistung im Laufe der Zeit ganz erheblich ab, und die örtlichen
und zeitlichen Unterschiede betätigen sich gemeinsam an der
Ausarbeitung eines abwechslungsvollen Küstenbildes.

Die Abrasion des Meeresgrundes. — Die chemische
Verwitterung ist am Meeresgrunde meist nur gering. Die
schwebenden kleinen Tiere und Pflanzen, die das sog. Plankton
bilden, stehen mit dem Sauerstoffgehalte des Meerwassers in
inniger Beziehung. Sind in ihm vorzugsweise Tierchen vor=
handen, so ist der Gehalt an diesem Gase meist gering, während
die winzigen Pflänzchen bei ihrem Lebensprozeß durch die sog.
Assimilation für einen verhältnismäßig großen Gehalt sorgen.
Der Sauerstoff fehlt demnach nicht vollständig, und daher finden
auch Oxydationsvorgänge unter dem Wasserspiegel statt. Es
bildet sich in geringer Menge Salpetersäure, die in gebundener
Form als Salze nachgewiesen wurde. In großer Menge tritt
Kohlendioxyd auf, das hier unter dem Druck der überliegenden
Wassermassen recht kräftig zu lösen und zu zersetzen vermag.
Deshalb müssen auch innerhalb des Wassers die Gesteine ver=
ändert und in geringem Maße zerkleinert werden. Eine Neu=
bildung unter den Mineralien stellt dagegen der bereits erwähnte
Glaukonit dar. Während er in den Meeren Westindiens heute
noch entsteht, stammen die Körnchen unserer Küsten aus lange
zurückliegenden Zeiten, zumeist aus der Kreidezeit. Auch damals
entstanden sie im Meere; jetzt werden sie nicht mehr neu ge=
bildet, sondern nur umgelagert.

Auch Tiere wissen die Härte der Steine zu überwinden.

Bohrmuscheln und Bohrschwämme greifen in eigenartiger, noch fast unaufgeklärter Weise das härteste Material an. Besonders die Muschelkalkgeschiebe auf der Düne Helgolands sind oberflächlich von Gängen durchzogen, in denen Tange festen Halt gesucht haben. Die große Fläche, welche diese Pflanzen dem Ansturm der Wellen bieten, gibt Gelegenheit, daß sie mit den Gesteins= stücken fortgerissen, lange Zeit hin und her gezerrt und schließ= lich an den Strand geworfen werden. Diese Wirkung der Tier= und Pflanzenwelt erstreckt sich freilich nur auf geringe Tiefen. Mit dem Tange zusammen wird auch der Bernstein Ostpreußens ausgeworfen. Das beruht jedoch fast ausschließlich darauf, daß sein spezifisches Gewicht, welches in den meisten Fällen zwischen 0,05 und 1,10 schwankt, dem der Tangpflanzen sehr ähnlich ist und ebenso wie das von diesen nur wenig größer ist als das spezifische Gewicht des Seewassers. Große Stücke werden des= halb schwebend im Wasser bewegt.

Die verhältnismäßig geringe Verwitterung unter Luftab= schluß wird im Wasser noch dadurch eingeschränkt, daß hier der Frost nicht zur Geltung kommt und die Blöcke und Steine nicht zersprengt. Hier ändert sich auch die Temperatur nicht fort= gesetzt ab, ebensowenig tritt ein dauernder Wechsel in dem Feuchtigkeitsgehalte auf. Dafür wirkt die stoßende Kraft der Welle ohne Unterbrechung, sie nimmt jedoch mit der Tiefe rasch ab. Nimmt man für die größten Wellen des Ozeans eine Länge von 156 m und die Schwingungszeit von einem Punkte der Welle bis zum entsprechenden der nächstfolgenden, d. h. die Periode, zu 10 Sekunden an, so ergeben sich nach A. Jentzsch folgende Werte, wenn man die oberflächliche Stoßkraft gleich 1 annimmt. Bei 2 m Tiefe ist sie dann nur noch gleich 0,85, bei 10 m gleich 0,45, bei 20 m 0,20, bei 50 m gleich 0,018 und bei 100 m Tiefe nur noch 0,0003. Es arbeitet die Bran= dung am Strande also viel kräftiger als in der Tiefe. Etwas weiter reicht die Wirkung der Meeresströmungen, die an jeder

Küste vorhanden sind, hinab. Eine derartige Küstenströmung
läuft bei gewöhnlicher Windrichtung an der deutschen Ostsee=
küste hauptsächlich von Westen nach Osten. Wenn der Wind
nun aber seine Richtung ändert, durch Norden nach Osten um=
springt, so tritt ein Rückstauen des Wassers ein. Die Strömung
muß den vorher aufgewirbelten Sand sinken lassen und ver=
flacht daher den Streifen der See an der Küste. Der Strand
wird dadurch verbreitert, bis der Wind abermals umspringt und
der Strom in seiner alten Richtung die Sandkörnchen wieder
aufnimmt und in Bewegung setzt.

Die Wirkung der Stürme besteht aber nicht allein darin,
unter Anhäufung der Wellen auch bis in größere Tiefen hinab
Stoßwirkungen auszuführen. Es werden die Wassermengen
nach den Küsten hin gedrängt, von denen sie später zurückfließen.
Wo das offene Meer durch schmale Pforten mit randlichen
Becken in Verbindung steht, zeigt sich dieser Vorgang in seiner
ganzen Gewalt.

Auch dort, wo Ebbe und Flut kräftige Wellen hervorrufen,
bestehen ähnliche Verhältnisse. So geht zwischen je zwei nord=
und ostfriesischen Inseln täglich zweimal die Flut in das
abgegrenzte Watt, und zweimal täglich strömt sie auf gleichem
Wege in Rinnen, die sich wie Flüsse vereinigen, wieder hinaus.
Hier werden dadurch tiefe Furchen ausgehobelt, die man Ge=
zeitenkolke nennt. Sie erreichen eine Tiefe von 10 bis 20,
ja sogar bis 35 m und sind für alle derartigen Küsten be=
zeichnend. Nach dem Watt und dem Meere zu verlaufen sie
in flache Rinnen, die dann nach mehreren Kilometern Ent=
fernung in die oberen Abrasionsflächen des Meeres übergehen.

Die polierende und zerschleifende Wirkung der Wellen und
Meeresströmungen wird durch den bewegten Sand und die Stoß=
kraft anderer, ebenfalls mitgeführter Geschiebe veranlaßt. Dabei
ist die Menge dieser Körper viel weniger von der Kraft des
bewegten Wassers, als von dessen Wechsel nach Richtung oder

Stärke bedingt. Verläuft die Strömung ganz gleichmäßig, ſo
tritt bald ein ganz beſtimmter Zuſtand ein, und die zuerſt mit=
geſchwemmten Körper bleiben ganz oder teilweiſe zurück. Wie
jeder Sand in ruhender Luft oder ruhendem Waſſer einen be=
ſtimmten Böſchungswinkel beſitzt, ſo entſpricht auch jeder Ge=
ſchwindigkeit bewegten Waſſers ein ſolcher. Über ihn hinaus
kann ein ganz beſtimmter Sand nicht weiter gehoben werden.
Mit dem Wechſel der Geſchwindigkeit geht eine Abänderung
dieſes Winkels einher, es wird ein neuer Zuſtand angeſtrebt
und zur Durchführung gebracht.

Ändert ſich die Richtung einer Strömung, ſo ſchneidet die
neu entſtehende Beharrungsebene die frühere im Winkel und
zerſtört ſie damit ſchnell. Durch Anwachſen von ablenkenden
Sandbänken, ſchneller durch das Wechſeln von Waſſerſtand und
Wind ſowie durch die Gezeiten werden ſolche Änderungen in
der Strömungsrichtung herbeigeführt. Dabei werden Teile der
unter dem Waſſerſpiegel liegenden Sandböſchung gelockert, ſo=
weit ſie den dort herrſchenden Bedingungen nicht entſprechen.
Den Stößen der Wellen ausgeſetzt, ſchweben ſie nun wie Sand=
wolken im Waſſer, um erſt dann zur Ruhe zu kommen, wenn
ihre Schwere der Strömung und den vielen kleinen Waſſer=
wirbeln widerſtehen kann. Bei hoher See ſoll die Menge der
aufgewirbelten Beſtandteile 10 bis 15mal ſo groß ſein wie
unter gewöhnlichen Verhältniſſen. Aus der Abraſion geht
ſchließlich eine ſanftwellige, faſt ebene Fläche hervor.

Mineralien des Dünenſandes. — Im Dünenſande
werden alle Mineralien angetroffen, die das Meer auswirft.
Das Verhältnis, in dem ſie hier auftreten, iſt aber ein ab=
weichendes. Je nach der Höhe des ſpezifiſchen Gewichtes werden
ſie raſcher oder langſamer vom Winde fortgeweht. Feldſpat
ſpaltet leicht und iſt ſehr ſtark chemiſchen Umwandlungen aus=
geſetzt. Noch leichter zerfällt Glimmer bei ſeiner ſtark aus=
geprägten Spaltbarkeit. Beide werden ſich deshalb nicht ohne

weiteres im Dünensande antreffen lassen. Je älter der Sand ist,
desto länger war er Wind und Wetter ausgesetzt, und desto mehr
sind die empfindlicheren Mineralien aus ihm verschwunden. Nur
der widerstandsfähige Quarz bleibt schließlich zurück, die Trümmer
und Überbleibsel der anderen werden vom Winde fortgeführt
und zerstreut. Auch Kreide, Muschelkalk und andere Kalk=
geschiebe sowie frische Muschelschalen werden hier in Staub ver=
wandelt und dann fortgeführt. Der Rest dieser Kalkmengen
wird außerdem von Pflanzen und Grundwasser gelöst; ältere
Dünen enthalten deshalb auch nichts mehr von derartigem
Material.

Bei wechselnder Strömung, wenn der Sand umgelagert wird,
findet eine Trennung kleiner, spezifisch schwererer und größerer,
spezifisch leichterer Körnchen statt. Auf dem gelblichen Strande
bilden die ersteren dann dunkle, bräunliche oder fast schwarz ge=
färbte Anhäufungen von wenigen Millimetern Dicke oder nach Ein=
wirkung des Windes geflammte, verwaschene Partien, meist mit
einem Stich ins Violette. Weil eine derartige Sonderung der
Körnchen durch innere Vorgänge im Wasser bedingt wird und
besonders durch Sturm veranlaßt wird, sah man in diesem
„Streusand“ früher an Küsten, die Bernstein auswarfen, wohl
Vorboten eines reichen Strandsegens. Auch heute noch wird
er gesammelt und für die Streusandbüchse des Schreibzeuges
zum Verkaufe angeboten. Er enthält von den schwereren
Mineralien etwa 1—5% und führt neben dem fast farblosen
Quarz schwarze Körnchen von Magneteisenerz und ähnlich zu=
sammengesetzten Mineralien, grünliche von Hornblende und
Augit, gelbrote und rote von Granat und gelegentlich wohl auch
Feldspat. Außerdem beteiligen sich noch viele andere, aber
weniger bekannte Mineralien an seinem Aufbau. Dabei gilt
im allgemeinen das Gesetz, daß die schwersten von ihnen die
kleinsten Körnchen liefern. Ferner ist hier in den Dünengebieten
überall die Neigung nachweisbar, leicht zerstörbare Bestandteile

zu beseitigen, um schließlich mehr und mehr reinen Quarzsand zu bilden.

Da der Wind größere Gesteinstrümmer nicht zu bewegen ver= mag, kommen sie auf Dünensand nicht vor. Kleine Stückchen können größere Tiere wohl an ihrem Körper dorthin ver= schleppt haben, bei größeren Stücken muß man dagegen immer an die Tätigkeit des Menschen denken. Auf der Kurischen Nehrung und den friesischen Inseln liegen Spuren der sog. „Steinzeit" vor, die sich bis heute erhielten. Es handelt sich um herbeigeschleppte Steine, die der Mensch auf seiner ersten geistigen Entwicklungsstufe verwendete. Größe, Gestalt und Material weisen bei ihnen auf eine gewisse Auswahl hin, An= zeichen von Bearbeitung und Gebrauch verleihen ihnen einen bestimmten Charakter. Ferner werden auf und in allen Dünen Topfscherben, Metall= und Glassachen als Reste verflossener Jahrhunderte angetroffen. — Außer allerlei Überbleibseln der verschiedensten Art, die der Wind hierher führt und niederfallen läßt, trifft der Spaziergänger zu gewissen Zeiten am Strande große Mengen von angeschwemmten Inſekten. Sie wurden über die hohe Düne ins Wasser geweht und von den Wellen ans Land geworfen. Bisweilen bilden sie eine zusammenhängende Linie von 1 und mehr mm Höhe und etwa 3 bis 5 mm Breite. Diese Tierkörper, die in der Sonnenwärme teilweise wieder zu neuem Leben erwachen, locken dann die Vögel aus den benach= barten Fischergärten herbei, die sich an dem reich gedeckten Tische gütlich tun.

Alle diese Beimengungen treten den Sandmassen gegenüber erheblich zurück, und das Fehlen von Geschieben gilt wohl als das sicherste Merkmal, Sandmassen anderer Natur von wahren Dünenbildungen zu unterscheiden.

Der Strandwall. — Nicht alles Wasser der Wellen, die am sandigen Strande emporlaufen, fließt in das Meer zurück. Ein Teil versinkt in dem lockeren Boden; deshalb wird auch eine große Menge der festen Körper, wie sie von den Wogen bewegt und mitgeführt werden, außerhalb des Wassers zurück= bleiben. Diese Körper setzen sich am Saume jeder Spritzwelle ab und erhöhen dort den Strand. Mitunter häufen sie einen Wall an, der dem Wasser entlang verläuft und gelegentlich mehrere Meter breit wird. Die Höhe der stärksten Brandungs= wogen kann er aber nirgends übersteigen. Wenn die Wasser= stände oder auch nur die Wellenbewegung bei Stürmen oder Gezeiten wechseln, so wird er zerstört und durch einen neu auf= geführten ersetzt. An der Stelle, wo das Meer ihn annagt, bildet sich ein steiler Absturz aus, der an die Form der Kliff= küsten erinnert; an ihm läßt sich oft Diagonalschichtung wahr= nehmen. Dieses erklärt sich aus der Art seiner Entstehung, ebenso ist verständlich, daß der äußerste Strandwall, der dem höchsten Wasserstande entspricht, stets aus dem gröbsten Material besteht; entstand er doch bei den stärksten Wellen.

Von den Küstenwällen Deutschlands ist der Heilige Damm in Mecklenburg der bekannteste; er hat etwa 2,5 m Höhe. An manchen der kleinen Vorsprünge unserer Ostsee steigen — frei= lich in geringfügiger Ausdehnung — Blockwälle bis zu 2 und 3 m an. Die Böschung beträgt bei Sand und Kies etwa 1:10, an der Ostsee 1:20 bis 1:57, sehr selten nur 1:7. Über den Wall gehen einige Wellen mit ihren Ausläufern hinüber und lassen an ihrem äußersten Saume, dem Schaum= strand, das mitgeführte Material zurück. Dieses besteht aus dunklem Sprockholz, Seetang und Muschelschalen, toten und halbtoten Tiere verschiedener Art, an den deutschen und dänischen Küsten ferner aus Bernstein und bis fußgroßen Geschieben von Meertorf.

Wo der Hochstrand mit flachen Steinen gepflastert ist, wie auf der Insel Sylt, bezeichnet er die höchsten Sturmfluten. Gelegentlich wird er wohl von den Wellen bespült und benagt und hinterläßt dann inselartige Reste, die sich wie Inselgruppen aus dem Strande abheben. In den meisten Fällen liegt er am Fuße der Kliffküste oder an der Vordüne. — Ähnlich geht die Anhäufung von Sandbänken innerhalb der See vor sich; hier häuft die Brandung sog. Riffe oder Schaare auf, die bis dicht an die Oberfläche reichen. Als lange Wälle verlaufen sie in mehreren Zügen hintereinander der Küste annähernd parallel. Die von der See heranstürmenden Wogen brechen sich an ihnen, tragen sie seewärts ab und häufen das dabei gewonnene Material landwärts wieder an. Auf diese Weise bewegen sie die Sandbänke nach dem Strande hin und bauen aus ihnen hier den Küstenwall auf.

Zwischen den Riffen, in dem tieferen Wasser, sind gleich= zeitig Wellenbewegung und Küstenströmung tätig. Unter dieser doppelten Einwirkung schwingen die Wasserteilchen hier weniger in kreisförmigen, als mehr in spiraligen Bahnen und bewegen die vom Boden losgelösten Körnchen wirbelnd längs der Küste dahin. Dabei findet eine eigenartige Sonderung des Materials in der Weise statt, daß die feinen Schlammteilchen leichter be= wegt werden und seewärts nach den größeren Tiefen hin ge= schafft werden, wo die Brandung sie nicht weiter beunruhigt und sie stilleres Wasser zum Absitzen finden. Der gröbere und schwerere Sand muß dagegen die ganze Brandung durchwandern und findet vorläufig erst Ruhe auf dem Strandwall. Nimmt aber die Wellenhöhe ab, so trocknet dessen Kamm und die Winde beginnen ihr Spiel mit den lockeren Körnchen.

Der Spaziergänger findet bei seinen Wanderungen leicht einen festen, bequemen Weg längs des Wassers, wenn er die Grenze zwischen dem nassen und dem bereits getrockneten Sande aufsucht. Hier hat er Halt für seine Füße, während er zur Rechten wie zur Linken einsinken würde, entweder in den durch= tränkten Boden oder in den locker aufgehäuften Sand. Diese Grenzpartie läßt sich bereits auch daran erkennen, daß er mit seinen Borten trockenen, lichteren Sandes auf dem noch feuch=

teren, dunkleren hervorgehoben ist. In den helleren Säumen
hat man die letzten Sandabsätze der höher gehenden Wellen
zu sehen, die bei ihrer etwas erhöhten Lage unter der Einwir=
kung des Windes zuerst trockneten und darauf hinweisen, daß
der Boden unter ihnen auch bereits einen Teil des aufgenom=
menen Wassers verloren hat. Auch Wagen wählen am Strande
gern ihren Weg derart, daß sie mit dem einen Radpaar auf
dieser Scheibe, mit dem anderen im Wasser fahren.

Wird die See ruhiger, so tritt für die auf dem Boden des
Wassers bewegten Sandkörnchen auch eine Zeit der Ruhe ein.
Sie bewegen sich immer langsamer und bleiben schließlich liegen,
dabei bilden sie langgezogene Bänder von wenigen Millimetern
oder höchstens Zentimetern Höhe und einigen Zentimetern Breite.
Wo sie auftreten, liegen sie in großer Zahl fast parallel hinter=
einander; nur selten berühren sich zwei von ihnen. Diese
Wellenfurchen, Kräusel= oder Rippelmarken, wie sie
heute entstehen, kann man auch oft in den zu Sandstein ver=
festigten Sanden früherer Perioden unserer Erde, z. B. im
Kambrium und Buntsandstein, wahrnehmen. Ihr gegenseitiger
Abstand ist auf engerem Gebiete gleichmäßig. Nach der Ansicht
von A. Jentzsch geben sie uns Aufschluß über den Verlauf und
die Wellenlänge des schwächsten Wellenganges der sich beruhi=
genden See, da sie selbst die Schwingungsknoten der Wellen=
bewegung darstellen, welche die Körnchen gerade noch bewegen
konnte.

Die entsprechenden Bildungen in ganz flachem Wasser am
Strande sowie auf dem Boden der lagunenartigen Pfützen er=
klärt Otto N. Witt durch Interferenz. Am sanft geneigten
Strande laufen hier die leichten und regelmäßigen Wellen empor
und wieder zurück und treffen dabei auf die neu heranrollenden.
Wo sich stehende Knoten ausbildeten, lastete ein größerer Wasser=
druck auf dem leicht beweglichen Untergrund als dort, wo sich
Bäuche ausbilden konnten. Während hier der Sand fortgespült

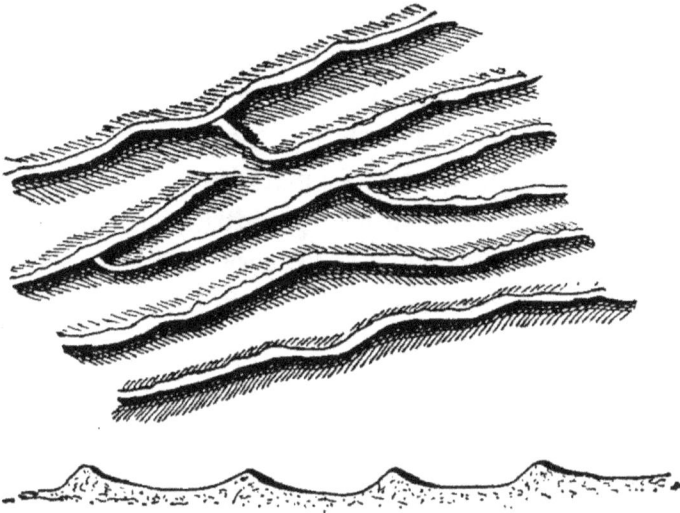

Fig. 27. Rippelmarken, in bewegtem Wasser entstanden; von oben und im Profil gesehen
(Aus W. Deecke: Einige Beobachtungen am Sandstrande.)

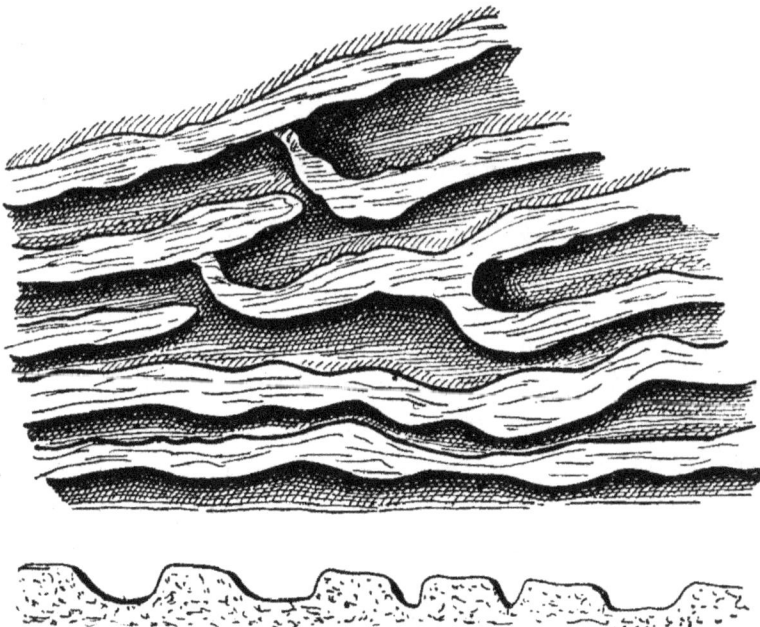

Fig. 28. Rippelmarken aus zurückgetretenem Wasser; von oben und im Profil gesehen.
(Aus W. Deecke: Einige Beobachtungen am Sandstrande.)

wurde, häufte er sich unterhalb der Knoten an. — Auch an tieferen Stellen zeigen sie sich und spiegeln hier gleichsam die Wellen an der gekräuselten Oberfläche wider.

In den flachen Sandlagunen läßt das bewegte Wasser Rippelmarken mit scharfen, schmalen Kammlinien und flachen, breiten Furchen entstehen. Sobald es aber zurücktritt, nagen die kleinen Wellen die Kämme an, machen sie eben und glatt und ver-

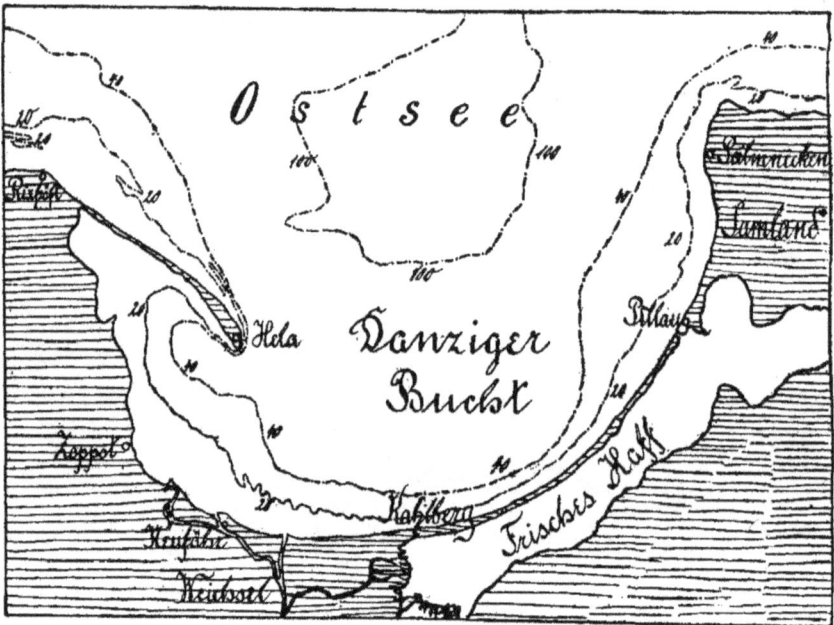

Fig. 29. Karte der Danziger Bucht.

wandeln die Grate zu bandartigen Erhebungen. Diese werden dann nur durch schmale Furchen mit steilen Wänden getrennt. Wird der Sand dann trocken, so daß er zusammensinkt, so bleiben zwischen den verflachten Kämmen nur schmale Linien zurück. Fossile Wellenfurchen lassen daran auch erkennen, ob sie bei zurücktretendem Wasser entstanden. (Fig. 27 und 28.)

Die Hakenbildung. — Wo die Küste scharf umbiegt, können Küstenströmung und Strandwall ihr nicht in gleicher Weise folgen. Daher baut sich der Strandwall über oder unter

Wasser in das Meer hinaus in der Hauptrichtung der Kliff=
küste weiter auf, von der sein Material stammt. Er bildet eine
schmale Landzunge und kann sich durch Dünen derart erhöhen,
daß er der Küste eine vollständig andere Form verleiht. Die
Bildung ist weit verbreitet, in großartigster Gestaltung tritt sie
an deutschen Küsten aber in der Halbinsel Hela auf. Diese
verläuft von Rixhöft nach Südosten und besitzt etwa 34 km
Länge. Der sie bildende Sand entstammt fast ausschließlich der
Abrasionsfläche, die nördlich von Rixhöft liegt. (Fig. 29.)

Im Laufe der Jahrhunderte hat Hela sich kaum wesentlich
verändert, während andere Hakenbildungen schnelles Wachs=
tum zeigen. Es ist das leicht durch die Gesetzmäßigkeit erklärt,
daß bei gleicher Sandzufuhr das Wachstum in die Länge mit
der Quadratzahl der Meerestiefe abnimmt. Gleichzeitig mit der
Länge wächst aber auch die Stoßkraft des Wassers, besonders
die der Küstenströmung; daher tritt bald ein Gleichgewichtszu=
stand ein, bei dem Abnagung und Aufbau sich mit gleichem
Erfolg betätigen. Da die Kliffküste von Rixhöft aber dauernd
landeinwärts zurückgedrängt wird, nagt das Meer in gleicher
Weise auch an der Wurzel von Hela. Die abgenagten Trümmer
wandern mit der Strömung nach dem Ende der Halbinsel und
teilweise sogar um dieses herum. Es wird das Hakenende da=
durch dauernd breiter, die Wurzel dagegen dauernd von Durch=
brüchen bedroht. Solche sind tatsächlich wiederholt erfolgt und
zum Teil künstlich wieder geschlossen.

Die frei ins Meer ragenden Haken hätten ungefähr die folgende
Entwicklung durchzumachen. Nach schnellem anfänglichen Wachs=
tum werden sie bald in ihrer weiteren Ausdehnung gehemmt. An
ihrem Ende bildet sich unter der Einwirkung der Meeresströ=
mungen eine Rinne, während sie selbst sich fortgesetzt verbreitern.
Dann verschmälert sich ihr Fuß derart, daß er durchbrochen wer=
den kann, während aus ihrem Ende Inseln werden. Sobald die
Sandzufuhr aussetzt, beginnt die Zerstörung der Inselbildungen.

Winde können aus Dünenkämmen ähnliche Hakenbildungen veranlassen. Im Gegensatze zu ihnen mögen die eben beschriebenen als Kliffhaken bezeichnet werden.

Abschnürung von Buchten. — Einbuchtungen der Küste können durch solche hakenförmige Gebilde gesperrt werden. Ein solcher Riegel, der gewöhnlich noch Dünen trägt und durch schmale Rinnen durchbrochen wird, ist eine Nehrung. In allen Teilen der Erde finden sich Flußtäler, die ins Meer gesenkt wurden. An der deutschen und dänischen Ostseeküste, wo sie zumeist durch Flußabsätze gefüllt und teilweise von Nehrungen geschlossen sind, heißen sie Förden. Das Abnagen der Kliffe und die Ausbildung von Nehrungen gleicht die Küstenkonturen immer mehr aus, so daß schließlich ein einfacher Verlauf in der Form eines flachen Bogens entsteht. An den preußischen Nehrungen und an denen vieler anderer Meeresküsten tritt das deutlicher hervor.

Fig. 30. Östlicher Teil der Insel Rügen.

Andererseits werden Nehrungen auch Inseln miteinander oder mit dem Festlande verbinden können. Daraus ging z. B. die eigentümlich gegliederte Form der Insel Rügen hervor. Hier wurde eine Inselgruppe, die sich aus Diluvium über einem Kreidekern aufbaut (Arkona, Stubbenkammer, Granitz, Nordperd, Südperd), an ihrer Außenseite zu Kliffküsten abgenagt. Gleichzeitig entstanden Nehrungen, welche sie miteinander verbanden, während in den inneren Buchten, vor dem Wogenprall geschützt, flache Anschwemmungen sich entwickelten. (Fig. 30.)

Nehrungen und Strandseen, Haffe und Lagunen. — Die Dünenketten, die wie Küstenwälle Strandseen vom Meere abtrennen, sind Nehrungen im eigentlichen Sinne, wie die Kurische und die Frische Nehrung. Sie haben trotzdem aber zu den Strandwällen keinerlei Beziehung, da sie vom Wasser, jene vom Winde abgelagert sind. Die Nehrungen entstanden aus den Strandwällen und deuten ungefähr deren Umrisse an, aber sie ragen hoch über das Meer und über den Strandwall empor. Besitzen die Strandseen hinter ihnen süßes Wasser und eine breite Verbindung zum Meere, so heißen sie Haffe, bei Salzwasserfüllung dagegen Lagunen. Durch die Pforten (Memeler und Pillauer Tief) strömt das Meer aus und ein, je nachdem es steigt oder sinkt.

Wie alle Strandseen haben unsere Haffe nur geringe Tiefe (5—7 m) und einen fast ebenen Boden. Diese Eigentümlich= keiten sind jedenfalls am ungezwungensten auf die dauernde Zufuhr von Sinkstoffen zurückzuführen, da in beide Haffe Ströme und Küstenflüsse einmünden. Die Deltas von diesen füllen einen Teil des ursprünglichen Haffes aus und bedecken auch den Boden des noch freigebliebenen Beckens, des jetzigen Haffs. Auch der ins „Tief" einmündende Strom führt Sand und Schlamm herbei und wirkt an der Ausfüllung mit. Die Kurische Nehrung baut sich eigentlich aus zweien auf, deren eine von Cranz zum Diluviallande von Rossitten, deren andere von hier bis an das Diluvium von Memel heran verläuft. Auch diese Nehrung weist wie die Kliffhaken durch Verschmälerung an ihrer Wurzel die Neigung zum Durchbruch an.

Bei kleinen Strandseen bleibt die Verbindung mit dem Meere nicht dauernd erhalten. Führt es genügende Sand= mengen herbei, so wird dadurch bald ein Verschluß des Durch= lasses veranlaßt. Je größer die Haffe sind, desto kräftiger und andauernder werden die durch das Tief ein= und aus= flutenden Wassermengen, so daß die Strömung bereits zur Er=

haltung der Fahrstraße genügt. Um dieser für die Zwecke der
Schiffahrt die erforderliche Tiefe zu geben, sind Baggerungen
und Kunstbauten notwendig, die bei Pillau und Memel, wie
auch an anderen Orten, dauernd unterhalten werden.

Die Küste Hinterpommerns besitzt mehrere Strandseen, die
mit dem Meere nicht oder nur durch einen gewöhnlichen Fluß=
lauf verbunden sind; der größte von ihnen ist der Lebasee.

Die primäre Düne. — Wo mehr Sand hin= als fort=
geweht wird, entsteht eine Düne. Jeder Wind findet irgend=
wo eine Grenze und der mitgeführte Sand dann Gelegenheit,
sich niederzusetzen. Hier kommt es zur Bildung einer Düne,
besonders wenn Bodenerhebungen und Gesträuch vorhanden sind.
In ihnen haben wir keine notwendigen Vorbedingungen zu
sehen, wohl aber bedingen sie die Ortslage und die Gestalt der
ersten Dünenanfänge. Wenn alle Körnchen, gegen die der
Wind anprallt, gleichartig wären, so häuften sie sich dort an,
wo ihre Reibung am Boden gleich der treibenden Kraft der
bewegten Luft würde. Bei ihrem Übertritt aus dem Meere
in die Luft sind sie aber noch recht verschiedenartig, und des=
halb erhalten die Streifen des sich häufenden Sandes eine
größere Breite. In dreifacher Weise findet die Bewegung der
Körner durch den Wind statt. Die gröbsten vermögen auf ihrer
Unterlage nur zu rollen, kleinere werden von den Wirbeln in
die Höhe gehoben, um fast sofort wieder niederzufallen. Hüpfend
erheben sie sich bald wieder und gelangen so über der Ober=
fläche des Bodens vorwärts, bis irgend eine kleine Vertiefung
ihnen vorläufig Halt gewährt. Die feinsten, staubförmigen Teil=
chen steigen schließlich hoch in die Luft. Hunderte von Kilo=
metern können sie auf diesem Wege zurücklegen, ehe sie in
weiter Ferne als Staub zu Boden niedersinken. — Der rollende
und der hüpfende Sand bilden gemeinsam die Dünen.

Die eben abgesetzte Sandlage wird bei Windwechsel ange=
schnitten und neues Material über den gebliebenen Rest der

Sandlage schräg zu ihrer Längsrichtung getrieben, wobei dieser entsprechend erhöht wird. Kaum ist dieser Sandhaufen zenti= meterhoch, als er auf der Leeseite, die dem Winde abgewendet ist, den natürlichen Böschungswinkel annimmt. Streicht der Wind an der Kante dieser hinteren Böschung vorbei, so veranlaßt diese die unterste Luftschicht sich auszubreiten; es ent= steht ein kleiner, windstiller Raum, und aus ihm können die hüpfenden Körner, die auf den Boden trafen, sich nicht wieder erheben. Auch die herbeigerollten Körner rieseln hier hinab und sind nun vor der Wirkung des Windes geschützt. — Die Dünen= seite, welche dem Winde zugekehrt ist, heißt Luvseite. (Fig. 31.)

Mit eintretendem Regen setzt die Bewegung des Sandes aus. Die Körnchen bleiben nun so lange aneinander haften, bis

Fig. 31. Schematischer Durchschnitt einer Düne. (Nach A. Jentzsch.)

die Feuchtigkeit ganz oder teilweise verschwindet. Diese Eigen= tümlichkeit ist auf das Wandern der Dünen von Einfluß; der an den Dünengipfeln stärker wehende und deshalb schneller trocknende Wind trägt die obersten Teile nach der Leeseite hin ab. Die unteren Teile sind aber noch nicht derart abgetrocknet, daß sie neuen Sand zur Ergänzung des Gipfels liefern könnten. Daher wirkt Regenwetter auf die Dünen verflachend, während bei länger anhaltendem trockenen Wetter der Sand sich hoch emportürmt. Feuchtes und trockenes Wetter wirken in gleicher Weise auf die Dünengebiete ganzer Länder.

Windrippelmarken. — Wo Luftwirbel über den Erd= boden dahinstreichen, treten überall neben solchen mit fast senk= rechter Achse auch andere von kurzem Durchmesser aber langer Achse, die dem Erdboden parallel verläuft, auf. Diese zweite Art kommt infolge der Berührung ruhender und bewegter Teile zustande; sie fassen — etwa wie eine Straßenreinigungs=

maſchine — den Sand und häufen ihn zu langen Zügen an. Diese haben eine Breite von wenigen Zentimetern beziehungsweise Dezimetern und eine Höhe von wenigen Millimetern oder Zentimetern. Die Hauptrichtung des Windes ſteht zur Längsrichtung der Wirbel und der Rippelmarken ſenkrecht. Der Windſtrom weht hier nicht in ebener Fläche über den Boden dahin, ſondern löſt ſich wie über der Meeresfläche in meiſt ſpiral-, wirbel- und walzenförmig rollende Bewegungen auf. Für dieſe Runzeln in der Sandfläche gilt daher Ähnliches wie für die entſprechenden Bildungen unter dem Waſſer. Hört der Wind auf, oder kommt der Sand durch fallenden Regen zur Ruhe, ſo geben ſie genau die Richtung an, in der die Luftſtrömung zuletzt arbeitete.

Ihre Höhen verlaufen gewöhnlich regelmäßig und weiſen weithin parallelen Verlauf und gleiche Abſtände voneinander auf. Wo die Sandkörner gleiche Größe beſitzen, iſt bei gleicher Windſtärke eine derartig gleichmäßige Ausbildung leicht verſtändlich. Nimmt die Windſtärke zu, ſo werden die Marken höher und rücken auseinander. Für den Strandſand Weſtpreußens und Pommerns beträgt der Abſtand gewöhnlich 5 bis 12 cm, im Mittel etwa 7 cm, für die Kuriſche Nehrung etwa 8 cm im Mittel.

Überall läßt ſich im großen wie im kleinen beobachten, daß der Verlauf der Kammlinien nicht geradlinig, ſondern ſchlangenförmig iſt. Die Veranlaſſung dazu geben Hinderniſſe verſchiedener Art, die dem Winde entgegenſtehen. Gras- und Tangbüſchel mit den hinter ihnen liegenden Sandzungen, Steine, Pfähle wirken in dieſer Weiſe. Der Wind wirkt bei ihnen an beiden Seiten ſtärker und ſchiebt die Kräuſelmarken in Kurven vor. Iſt die Luftbewegung kräftig, ſo iſt ihr Zuſammenhang auf der Höhe der etwa vorhandenen Sandzungen unterbrochen, bei ſchwächerer Luftbewegung iſt er in rücklaufender Kurve erhalten. In allen Fällen führt der rückwärts laufende Kurventeil nach dem hemmenden Widerſtande hin.

Bildungen von ähnlicher Form und Beſchaffenheit treten auch im Binnenlande auf. Wo günſtige Bedingungen für ihr Entſtehen vorliegen, laſſen ſie ſich häufig antreffen. Auf den Dünenbildungen an gewiſſen Flußufern, auf erdigen, ſtaub= bedeckten Flächen, ja ſelbſt auf friſch gefallenem Schnee treten ſie nicht allzu ſelten auf. Selbſtverſtändlich wird das Material, aus dem ſie ſich aufbauen, und eine Reihe äußerer Umſtände bei ihrer Ausbildung von Bedeutung ſein.

Einfluß ſenkrechter Hinderniſſe auf die Sand= bewegung. — Sobald der Wind gegen einen ſteilen Wider= ſtand bläſt, läßt er den mitgeführten Sand vor dieſem als eine Art Düne niederfallen. Dabei wird der Wind ſeitlich abgelenkt und eine Wirbelbildung veranlaßt. Dieſe kreiſenden Bewegungen nagen ihrerſeits den abgeſetzten Wall ſowie das Hemmnis an,

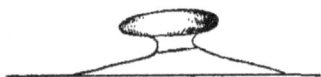

Fig. 32. Dünentiſch von der Kuriſchen
Nehrung. (Nach A. Jentzſch.)

Fig. 33. Sandhügel in einem Weiden=
ſtrauch. (Nach A. Jentzſch.)

überſteigen deſſen obere Kante und werfen die Sandkörner hinüber. Dicht hinter dem Wall entſteht auf dieſe Weiſe vor dem ſteilen Hemmnis ein Graben, welcher in gewiſſen Fällen durch ſchwächere Winde nachträglich wieder gefüllt wird. Dieſe Neigung des Windes, vor jedem ſteilen Anſtieg im ſandigen oder ſanderzeugenden Gelände eine Rinne auszublaſen, macht ſich an Küſten, Gehängen und in Dünenlandſchaften ſehr bemerk= bar und arbeitet an der Geſtaltung des Geſamtbildes kräftig mit. Solche Rinnen bläſt er auch vor größeren Blöcken aus, die bei kleineren ſogar den ganzen Stein untergraben. Von dem Sande des Untergrundes bleibt hier dann nur ein niedriger Stiel übrig, der mit ſeiner Bürde einen pilzförmigen Wind= tiſch oder Dünentiſch bildet. (Fig. 32.)

Wo lückenhafte Wände, Sträucher oder Grasbüſchel dem

Winde sich entgegenstellen, werden die größeren Wirbel auf=
gehalten. Der im Überschuß herbeigeschaffte Sand wird des=
halb im Inneren der Sträucher nnd Büschel zu kleinen Hügeln
aufgehäuft, die dann mehr und mehr wachsen. Dadurch wird
die lückenhafte, ursprüngliche Wand langsam geschlossen. Dann
wird an der Windseite der Sand fortgefegt und hinter dem
Hindernis als schmaler, oft lang ausgezogener „Zungenhügel"
angehäuft. Haben Strauch und Hügel bereits stärkeres Wachs=
tum aufzuweisen, so entsteht vor ihnen wieder die Rinne. Schließ=
lich werden dabei die Wurzeln untergraben; der Zungenhügel
wächst dann nicht weiter fort, sondern ist durch die Ausbildung
seitlicher Hohlkehlen dem Untergange geweiht. (Fig. 33.)

Die Vordüne. — Dauernd vom Meere ausgeworfener
Sand häuft sich unter Mithilfe des Menschen zur Vordüne an.
Diese begleitet dann wie ein liegendes, zusammenhängendes
Prisma den Strand der Länge nach. Ihre Luvseite ist steiler
als die der meisten Dünen — deren Steigung etwa 5 bis 10⁰
beträgt —, wenn Hochwasser und Stürme sie unterwaschen und
unterkehlen. Dagegen wird sie bei ruhigem Wetter an ihrem
Fuße wieder von dem zuletzt entstandenen Flugsande bedeckt.
In ihren ersten Anfängen stellt sie einen einfachen Rücken dar;
bringt das Meer langsam vor, weil die Küstenströmung und
der Wind zum Dünenbau mehr Sand fortführt, als die Wellen
anspülen, so kann die Vordüne sich lange halten. Dabei rückt
sie dann sehr langsam über ein flaches Gelände landeinwärts vor.

Auf den breiten Haken und Sandinseln, die sich nach
dem Weichseldurchbruch bei Neufähr in der Nacht vom 1. zum
2. Februar 1840 vor der Weichselmündung bildeten, findet man
ebenfalls niedrige Vordünen.

Vordünen=Systeme. — Bleiben Windstärke und Korn=
größe des Sandes unverändert, so richtet sich die Höhe der
Vordüne nach der Breite des Strandes. Mit der Höhe nimmt
aber auch das Zeitmaß zu, während dessen der Sand vom

Winde nunmehr bis auf den Rücken emporgeschafft werden müßte. Daher häuft er sich vor der Vordüne an und verbreitert bei Sturmfluten den schmalen Strand. Dieser wächst dadurch mehr und mehr, neue kleine Dünen steigen auf ihm empor und verlängern sich wie die Haken der Küstenwälle in der Längs= richtung des Strandes, treten miteinander in Verbindung und bilden eine neue Vordüne. Die letztere sammelt dann den vom Strandwalle weggeblasenen Sand und bringt damit das Wachs= tum der vorigen Vordüne zum Stehen.

Die Strandbreite bei Danzig und auf der Kurischen Neh= rung beträgt ungefähr 45—50 m. Die Neubildung von Vor= dünen erfordert aber eine bedeutend größere Breite. Dann schieben sich diese Bildungen bei reichlichem Sandauswurf in fast gleichen Abständen fortgesetzt voreinander; die dem Meere zunächst liegende ist dann die jüngste. Besonders schön treten sie dort auf, wo sich an sandiger Küste Haken bilden, wie auf der Halbinsel Darß an der pommerschen Küste und bei Swine= münde. Der Abstand der einzelnen Rücken in derartigen Systemen beträgt nach den Messungen von A. Jentzsch 80 bis 200 m.

Windrisse. — Je mehr die Düne sich emportürmt und ihrer größten Höhe nähert, fällt sie der Zerstörung durch die Kräfte des Windes anheim. Das tritt zuerst nur an einzelnen Stellen ein, die sich dann aber bald ausdehnen. Während die anderen Teile der Anhäufung noch weiter wachsen und zwischen ihren vereinzelten oder reichlicher vorhandenen Pflanzen weiter Sand sich aufspeichert, ist hier jede Vegetation unmöglich ge= worden. Nur wenige Wurzelausläufer können hier ein paar Blättchen entfalten, jedes andere pflanzliche Leben wird dadurch vernichtet, daß fortgesetzt die Wurzeln bloßgelegt werden. — Der Sand wird ferner bei solchen Dünen, welche sich kaum oder gar nicht erhöhen, abgenagt, und die feuchteren und des= halb etwas festeren Schichten des feinen Sandes treten in Form von Leisten aus dem grobkörnigeren Material heraus. Durch die Wirbel des anblasenden Windes werden einzelne Schichten unterhöhlt, so daß senkrechte Wände entstehen, die bei geringer Höhe mit überhängenden Schichten aus Erdreich und Wurzel= werk bedeckt sind. Auch in diesem Falle haben wir es mit Windrissen oder Windkehlen zu tun.

Durch diese Tätigkeit des Windes werden ältere Teile der Vordünen langsam bis auf die Sohle abgetragen und in eine Schar unregelmäßig angeordneter Hügel umgewandelt. Lose Sande aller Formationen werden in ähnlicher Weise wie Dünen= sand angekehlt, sobald sie bei genügender Trockenheit Gehänge bilden, selbst feste Gesteine werden durch derartige Windrisse eingreifend verändert. In der Höhe über dem Boden, wo die Luftwirbel am kräftigsten wirken und die größte Sandmenge mit sich führen, erfolgt die Unterkehlung. Ohne das Vorhanden= sein der schleifenden Körnchen treten derartige Vorgänge freilich nicht auf. Wo sie aber wirken können, werden die Gesteins= massen tief eingeschnitten, und es bleiben breite Pfeiler zurück, die mehr und mehr die Form von Pilzen annehmen. Dabei schneidet das Unterwühlen um so tiefer ein, je härter die Gesteinsmasse ist.

Kupsten= und Zeugenberge. — Wo langgestreckte Wind= risse Sandmassen nach verschiedenen Richtungen durchschneiden, bleiben Pfeiler zurück, die an ihren Böschungen ausgekehlt sind. Zunächst hält sich ihre Oberfläche noch unverändert, schneiden die Aushöhlungen aber immer tiefer und tiefer ein, so stürzt sie stückweise von der steilen oder überhängenden Kante herab. Dies geht so lange vor sich, bis der ganze Pfeiler fortgeblasen ist. Lebende Sandgräser, gelegentlich auch wohl Reste eines alten Waldbodens verleihen der Oberfläche dieser sogenannten Kupsten eine gewisse Festigkeit. Wo sie, wie es gewöhnlich der Fall ist, in großer Zahl nebeneinander auftreten, bilden sie ein Kupstengelände. Ein solches zieht sich auf der Kurischen Nehrung meilenweit hin.

In einem jeden derartigen Gebiete wird mehr Sand fort-
als zugeweht, es findet also dort vorwiegend Deflation statt.
In unseren Strandgebieten erreichen sie nur wenig Meter Höhe,
wo aber wie in Wüstengebieten feste Massen dem treibenden
und wirbelnden Sande ausgesetzt sind, entstehen in ähnlicher
Weise bis 50, selbst 100 m hohe Tafelberge und Pfeiler, die
Böschungen von 45—78° besitzen und als Zeugenberge bezeichnet werden. Selbst granitähnliche Gesteine werden vom
Winde mit Hilfe des Sandes in dieser Weise zernagt.

Windmulden. — Die Leeseiten heranrückender Dünen
können in Dünengebieten Kessel und ähnliche Bildungen aufweisen. Die meisten derartigen Hohlformen sind aber Windmulden. Gelegentlich greift der Wirbelwind zwischen die verhältnismäßig spärlich verteilten Pflanzen der Rasendecke und
trägt einige Sandkörnchen mit sich fort, oder größere Tiere
veranlassen durch ihre Fußspuren, kleinere durch ihr Kriechen
über dem Boden Verletzungen der Bodennarbe. Ist die Be-
schädigung noch so gering, so faßt der nächste Sturm an dieser
Stelle an. Er bläst den kahlen Sand der Tiefe weg, während
die Oberkante sich noch hält, bis sie endlich nachstürzt. Dadurch
wird der Windriß immer breiter und gleichzeitig auch immer
länger. In trockenem Sandboden nimmt er langsam an Tiefe
zu, viel schneller aber in der Breite, und damit wird er zur
Windmulde. Je breiter diese wird, desto ebener wird ihre
Sohle. Sie kann gelegentlich den Kamm einer Düne durchbrechen und zur Bildung von Quertälern Veranlassung werden,
die fast bis zum Wasserspiegel hinabgehen. Besonders regelmäßig erscheinen sie aber als Längstäler. Durch den Flugsand
können sie abwärts in ältere Sande und Sandsteine eindringen.
Dabei treffen sie in unserem norddeutschen Flachlande bald auf
Geschiebe, blasen den Sand fort und lassen die Gesteinsstücke zurück.
Diese sinken bei fortdauernder Unterkehlung immer tiefer hinab und
häufen sich auf dem Boden in immer dichter werdender Packung.

Triebsandstreifen und Dünenseen. — Die Windmulde
gräbt sich immer tiefer, wenn keine Steinmassen sich ansammeln
und dadurch dem Untergrunde einen natürlichen Schutz ver=
leihen, und gelangt schließlich bis in die Nähe des Grund=
wassers. Dicht über ihm stößt der Wind auf feuchten Sand,
ohne ihn bewegen zu können. Auf diese Weise bildet sich schließ=
lich eine meist langgestreckte Mulde heraus, die ebenen, feuchten
Sandboden besitzt; schon beim Graben mit den Händen erreicht
man hier in den meisten Fällen bereits das Grundwasser. Wo
sie am Fuße einer Düne liegt, fließt das Wasser unterirdisch von
dieser fort und verwandelt den nassen Sand in Triebsand. Es
ist dies eine von Wasser durchtränkte Sandmasse, die sich ähn=
lich wie eine Flüssigkeit verhält. Der feuchte Sand hat über
dieser Masse nur eine geringe Dicke und vermag deshalb die
Last eines Pferdes auf den kleinen Flächen der Hufe nicht zu
tragen. Hat der einsinkende Fuß aber erst den Triebsand er=
reicht, so findet er keinen Halt mehr. Das Pferd sinkt schnell
immer tiefer und vermag ohne Hilfe nicht mehr frei zu werden.

Mit den Jahreszeiten schwankt der Spiegel des Grund=
wassers, und so kann es so dicht an die Oberfläche kommen,
daß auch der Fußwanderer leicht einsinkt. Da eine derartige
Partie aber stets eine pflanzenlose, kahle, ebene, dunkler gefärbte
Fläche darstellt, so ist sie leicht zu erkennen und zu vermeiden.
Bei weiterem Steigen des Grundwassers können derartige Stellen
sich in flache Seen verwandeln. Es entstehen Dünenseen, die
auch in den deutschen Küstengebieten in kleineren Ausmessungen
angetroffen werden. Ließen regenreiche Jahre sie längere Zeit
bestehen, so kommen in ihnen bald Wasserpflanzen zur Ent=
faltung, die immer weiter wachsen und sich vermehren, ihre
Abfälle niedersinken lassen und den Boden mit ihnen dicht ab=
schließen. Derartige Seen und Tümpel können in dieser ver=
änderten Form sich recht lange Zeit erhalten.

Auf der Kurischen Nehrung zieht sich der Triebsand in

langen, ſchmalen Streifen am Weſtfuß der höchſten Düne in
etwa 8 bis 25 m Breite hin. Die Kruſte aus feuchtem Sande
iſt bei trockener Witterung verhältnismäßig dick, gelegentlich
ſogar mit trockenem Sande überſtreut. Zuerſt erfährt ein hinein-
geſtoßener Stock einen gewiſſen Widerſtand, dann fährt er
ohne Hemmung zu finden bis zum Griff hinab. Beim Be-
ſchreiten preßt der Fuß Waſſer hervor und ſinkt 10 bis 20 cm
tief ein. Wird er entfernt, ſo ſinkt das Waſſer wieder ſchnell,
und der Boden ebnet ſich ein. Menſchen werden in dieſer
Sandmaſſe wohl nur ausnahmsweiſe ſo tief verſinken, daß ſie
nicht gerettet werden können. Die von derartigen Unglücks-
fällen verbreiteten Berichte und Erzählungen ſind meiſt un-
verbürgt.

Die Lagerung der Körnchen iſt hier derart, daß ſie ſich
gerade noch berühren aber nicht mehr unterſtützen. Außer der
Bildung des Triebſandes durch einen Druck, der auf das Waſſer
im Sande von oben her wirkt, kann er nach K. Keilhack noch
in verſchiedener anderer Weiſe zuſtandekommen. So entſteht
er, wenn Sand von einem flachen Grundwaſſerſtrom durchfloſſen
wird, oder wenn ein Druck von unten her auf das Waſſer
wirkt. Auch wenn Sand langſam und gleichmäßig in ein offenes
Waſſerbecken ſo lange vom Winde hineingetrieben wird, bis das
Becken gefüllt iſt, bildet ſich eine derartige Lagerung. Man
erklärt dieſe damit, daß die Reibung des Waſſers gegen die
Körnchen genügend groß ſein ſoll, um der Schwerkraft, welche
auf dieſe einwirkt, das Gleichgewicht zu halten. Stößt man
lange Stangen in den Triebſand, ſo wird die Reibung dadurch
zum Teil vermindert und die normale Lagerung des Sandes
veranlaßt. Über den ſich feſt zuſammenlagernden Körnchen bildet
ſich eine klare Waſſerſchicht, ſo daß man auf dieſe Weiſe ſogar
die Schwierigkeiten beſeitigen kann, die das Überſchreiten kleinerer
Triebſandflächen bietet.

Derartige Partien bilden ſich bei Wanderdünen meiſt nur,

8*

wenn auf das Wasser im Sande ein Druck von oben her aus=
geübt wird, und außerdem dann, wenn der Wind Wasserbecken
voll Sand weht. Tatsächlich stehen Dünenbildung und Trieb=
sand in engem Zusammenhange. Wie schnell der Sand die
Niederschläge aufnimmt, ist bereits erwähnt; der Überschuß an
Sickerwasser wird dann aber ebenso wie auch sonst in der Natur
abgegeben. Während am Fuß der Berge Quellen hervortreten,
bilden sich im Dünensande entsprechend Triebsandstellen aus.
Dabei verhindert die große Verdunstungsfläche ein Abfließen
des Wassers. Fassen wir die Stellen mit Treibsand als quellig
auf, so ist auch zu ersehen, woher der von oben wirkende
Druck stammt, der die Körnchen am Zusammensinken verhindert.
Dann ergibt sich aber auch, daß diese berüchtigten Stellen mit
den Dünen wandern müssen.

Durchfließt dagegen der Grundwasserstrom den Sand, so
entstehen andere Triebsandmassen, wie sie sich an der Mündung
vieler kleiner, nicht regulierter Bäche und Flüßchen am Meeres=
ufer zeigen. Meist haben sie nur eine geringe Mächtigkeit von
etwa 35 bis 70 cm und treten besonders bei Seewind auf,
wenn das abfließende Wasser von der See zurückgetrieben wird.
Da der ahnungslose Strandwanderer die Mündung leicht zu
überspringen meint und dabei mit kräftigem Stoß auf derartige
Stellen trifft, so sind unangenehme Erfahrungen an solchen
überaus häufig.

Der Druck, der von unten her auf das Wasser wirkt und
einen aufwärts drängenden Wasserstrom veranlaßt, kommt wohl
ausschließlich in tieferen Schichten zur Geltung und läßt dort
den gefürchteten „Schwimmsand" hervorgehen.

Triebsand entsteht nach gleichen Gesetzen wie dieser, und
ähnlich wie hier im Dünengebiete tritt er auch an Steilufern,
in Baugruben, Schächten, Brunnen und Bohrlöchern auf. —
Durchfließt also Wasser von bestimmter Geschwindigkeit bzw.
Druckhöhe annähernd gleichkörnigen Sand, so wird er zu Trieb=

ſand. Dieſe Geſchwindigkeit wird mit der Korngröße zunehmen
müſſen; der letzteren entſpricht eine beſtimmte Fallgeſchwindig=
keit im Waſſer. Wenn ein aufſteigender Waſſerſtrom dieſe Ge=
ſchwindigkeit überſchreitet, ſo reißt er die Körnchen mit ſich
fort, hat er gleiche Größe, ſo erhält er ſie ſchwebend, und iſt
er kleiner, ſo vermindert er in entſprechendem Maße den Druck,
mit dem ſie aufeinander laſten. Wird der Waſſerdruck in
einem Teile von naſſem Sande ſo weit geſenkt, daß er der
Korngröße entſpricht, ſo entſteht, z. B. in einer Baugrube,
Triebſand. Durchfließt ein langſamer Strom von Grund=
waſſer den Sand, ſo wird die Höhe, um die der Waſſerdruck
zu ſinken hat, geringer ſein können. So findet ſich Triebſand
häufig an den Prallſtellen von Flüſſen; dadurch wird die Fluß=
eroſion erleichtert und das Flußbett ſelbſt an ſteilen Ufern ſchnell
angenagt. Dort wird aus dem Untergrunde dauernd Sand als
Triebſand hervorgepreßt und fortgeſchwemmt. Da fortgeſetzt
neuer Sand hervordringt, löſen ſich bald ganze Schollen ab und
können dann vorläufig die gefährdete Stelle verſchütten und ſchützen.

Als entſprechende Bildungen durch Windwirkung im Dünen=
gelände können die Windmulden der Triebſandſtreifen angeſehen
werden, nämlich als Prallſtellen der Winde.

Nunmehr laſſen ſich die Eigenſchaften des Triebſandes leicht
erklären. Da im Grundwaſſerſtrom ſtets Bewegung vorhanden
iſt, werden der Druck der Körnchen und deshalb auch deren Rei=
bung aneinander noch mehr verringert, als ſie es überdies im
Waſſer bereits ſind. Die Laſt eines Geſchöpfes oder eines
Steines iſt im Verhältnis zu ihnen ſo groß, daß ſie den Sand
teilweiſe zur Seite ſchieben. Bei den angeſtrengten Bemühungen,
aus dieſer beängſtigenden Lage freizukommen, erzeugen die Be=
wegungen der Füße unter und neben ſich Wirbel. Dieſe er=
leichtern und beſchleunigen das Ausweichen der Sandkörnchen
noch mehr, ſo daß Menſch und Tier um ſo ſchneller verſinken,
je ungeduldiger ſie ſich gebärden.

Die untere Stufendüne. — Sobald Wind gegen eine
Wand oder einen Widerstand anderer Art stößt, häuft er vor ihr
eine Art Düne auf, um alsbald mit seiner erobernden Tätig=
keit einzusetzen. Ein derartiger Wall bildet sich auch am Saume
der Triebsandstreifen, wo Dünenketten von 1—3 m Höhe wie
eine windwärts vorgelagerte Platte emporsteigen. Sandgräser
und Weiden begünstigen ihre Entstehung; dann zerfallen die
Sandbildungen wieder unter Zurücklassung von Kupsten.

Die obere Dünenstufe und die Gehängedüne. — Jeder
schräg gegen ein Gehänge blasender Wind veranlaßt die Bildung
von Luftwirbeln. Die Neigung und die Höhe des Gehänges,
Windstärke und Windrichtung andererseits bedingen deren Ge=
schwindigkeit und Durchmesser. An der Peripherie ist die Ge=
schwindigkeit größer als die gesamte Geschwindigkeit des Windes.
Die Wirbel lösen in Stößen, die mit Unterbrechungen einsetzen,
die trockenen Sandkörner des Gehänges los und wirbeln sie
höher und höher empor. Sobald sie in das Grenzgebiet des
Windes kommen, der über die obere Kante des Gehänges hin=
wegzuwehen vermag, werden sie einige Meter weit fortgeführt.
Dann fallen sie aus dem Bereiche der Wirbel am Gehänge
nieder und erhöhen die Oberkante des Talgehänges. Hier
baut sich unter diesen Umständen ein Randwall auf, der bei
seiner gesetzmäßigen Lage von A. Jentzsch als obere Talstufe
bezeichnet wird. An hohen, sandreichen Gehängen, deren Ab=
hang der herrschenden Windrichtung zugekehrt ist, in Deutsch=
land also nach Westen oder Südwesten, treten sie am deut=
lichsten auf.

Durch diese Windwirkung wird eine Asymmetrie der Fluß=
täler, z. B. auf der rechten Seite des preußischen Weichseltales,
herbeigeführt. Derartige Bildungen stellen sich auch auf den
Oberkanten der Kliffküsten ein. So türmen sich auf Sylt in
Schleswig über das Diluvium noch 10 bis 20 m hoch Dünen
auf; diese stammen teilweise freilich aus der Zeit her, wo die

Insel weiter westlich reichte und ihr Kliff erheblich niedriger
war, so daß die Dünen zu ihm emporzusteigen vermochten.

Auch am Fuße des Gehänges sammelt sich Flugsand an.
Überall werden diese Ansammlungen schnell zerstört, wenn sie
nicht wie auf Sylt durch Anpflanzungen geschützt werden. Genau
wie am Fuße der Vordüne auf den Nehrungen entstehen sie
dadurch, daß beim Aufhören des Windes die untere Stufendüne
nach der Böschung hindrängt. Häufen sie sich vor einem Ge=
hänge in größeren Massen an, so können sie es völlig oder
wenigstens so weit verhüllen, daß es nur an vereinzelten, kleinen
Stellen noch wahrzunehmen ist. Wo vor einem Kliff dauernd
durch einen Küstenstrom Sand herbeigeschafft wird, so daß der
Sand meerwärts vordringt, und ferner wo an Diluvial= oder
anderen Gehängen lose Sandkörner vorhanden sind oder durch
Verwitterung entstehen, bilden sich ganz entsprechende Stufen=
und Gehängedünen.

Die hohe Wanderdüne beansprucht von allen Formen
und Ausbildungen der Dünen das höchste Interesse. Sie er=
streckt sich viele Meilen weit dahin, ist kahl und leuchtet im
Sonnenlichte blendend in schneeweißer Färbung, hoch über ihre
Umgebung hervorragend. Langsam, unmerklich aber unaufhalt=
sam bringt sie in das Land vor und verschüttet Wälder und
Wiesen, Seen und Flüsse, Dörfer und Kirchen. Bei ihrem
Weiterwandern läßt sie die Spuren einer vergangenen Welt
zurück. Lose Gebeine, Baumreste und Trümmer von Häusern
bezeichnen den Weg, den sie nahm. Da sie eine stete Gefahr
für den seßhaften Menschen bedeutet, bemühen sich Technik und
Staat unter Aufwendung großer Kosten, sie zum Stehen zu
bringen.

Ist die Sandzufuhr reichlich, so bilden bei ihr Luv= und
Leeseite einen scharfen Grat. In ihm ist der Sand derart fest=
gepreßt, daß man hier leicht entlangschreiten kann, ohne erheb=
lich einzusinken. Gelegentlich verbreitet sich der Rücken, einzelne

Windmulden schneiden ein, und an ihren Rändern bilden sich ähnlich scharfe Grate, die freilich keine bedeutende Länge an= nehmen können.

Soweit Messungen vorliegen, trifft man die höchsten Wander= dünen Europas auf der Kurischen Nehrung an. Hier erreicht nach A. Jentzsch der Urbo=Kalns bei Nidden, der den Leucht= turm trägt, 50,52 m, der 822 m nördlicher gelegene Ango=Kalns 57,99 m und der Petschberg bei Pilkoppen, der 1890 befestigt wurde, etwa 62,5 m über dem Mittelwasser der Ostsee. Die Dünen der Frischen Nehrung werden im Kamelrücken bei Kahl= berg 52 m, die Pommerns östlich von Leba 45,4 m und am Westende des Lebasees 55,7 m hoch. Die übrigen Dünen der Ost= und Nordsee sind niedriger. Auf der Halbinsel Hela haben sie nur 25 m, in Jütland 30 m Höhe; die Dünen auf der Insel Sylt weisen freilich die stattliche Höhe von 48 m auf, ruhen aber auf diluvialem Kern.

Auf der Luvseite beträgt die Neigung 4,7 bis 14°, im Mittel etwa 7°. Bei ihr liegen ähnliche Beziehungen wie bei einer großen Windmulde vor, die nach oben hin steiler wird. Über dem Triebsande beginnt sie flach anzusteigen und bildet dabei eine ziemlich deutliche Hohlkante. Dann nimmt die Steigung zu, wobei kleine Windmulden von anderer Orientierung den Gipfel abflachen oder abrunden. Dann kann sich wohl auch jenseits des höchsten Gipfels ein Grat ausbilden, der durch eine weite, flache Mulde von ihm geschieden ist.

Die äußere Form der Luvseite und des Gipfels der Düne stellen also ein Gebilde dar, das die herbeiführende und ab= blasende Tätigkeit des Windes zum Ausdruck bringt. Diese Wechselwirkung kommt besonders nach Regenwetter zum Aus= druck, dann lagern sich die feineren Sande früher fest zusammen als die gröberen. Das dadurch gebotene Bild zeigt dunkle, abgeblasene Flächen, die mit hellen Streifen abwechseln. Die letzteren wurden in geringer Höhe aus dem Sande der davor=

liegenden schmalen Windmulden aufgeschüttet; nach kurzer Zeit
wandern sie von neuem. Die Leeseite weist stets größere
Steilheit auf als die Luvseite. Falls sie nur durch das Herab=
rieseln des Sandes zur Bildung gelangt, entsteht eine Sturz=
düne. Bei ihr entspricht die Neigung ungefähr dem natürlichen
Böschungswinkel des Sandes, d. h. 28° bis 33°. Gelegentlich
treten auch steilere Winkel, etwa zu 41° auf, dann liegt etwas
feuchterer und deshalb etwas festerer Sand vor, und seine Ober=
fläche schneidet Schichten von verschiedener Korngröße und des=
halb auch von verschiedener Feuchtigkeit an. Die Steilheit war
also durch Deflation bedingt, wie sie gelegentlich an jeder Sturz=
düne zur Wirkung gelangen muß.

Wo Landwind auf eine Sandhalde stößt, die im natürlichen
Böschungswinkel geneigt ist, findet wie am Talgehänge eine
Unterkehlung statt. Der Fuß der Düne wird deshalb flacher, der
obere Teil steiler, und es bildet sich eine scharfe Kante aus.
Ändert der Wind seine Richtung und bläst von der Seeseite
heran, so trifft der von der Luvseite heranrollende Sand eine
zu steile Böschung. Von den Schichtenköpfen rollt er mehrere
Meter tief schnell herab und füllt zunächst mit seinem lockeren
Material die flache Auskehlung, die in mittlerer Höhe der
Sturzdüne entstand, und die nun den Fuß des Wanderers tief
einsinken läßt. Schließlich ist die natürliche Böschungsebene
dann wieder hergestellt. Auch an der Leeseite wechselt also in
kurzen oder längeren Zeiträumen Ab= und Auftrag. Zur Zeit
des Landwindes, bei Abtrag, bildet sich über dem Grate der
Ansatz zu einer oberen Stufendüne. Diese wird vom Seewind
nach kurzer Zeit vernichtet und vom Abhang der Sturzdüne
hinabgeschleudert. Von diesen verschieden gerichteten Bewegungen
ist auch die Gestaltung, die Erhöhung und das Wandern des
Dünengipfels abhängig.

Das Vorrücken erfolgt mit einer Geschwindigkeit, die
von verschiedenen äußeren Umständen abhängig ist. Die Düne

wandert an der Leeseite viel schneller als an der Luvseite, und
das ist bei Längenangaben für ihr Wandern von großer Bedeutung. Auch die Höhe der Düne ist in Betracht zu ziehen.
Bei einer hohen Düne haben die vorwärts rollenden Sandkörnchen gleichzeitig eine große Steigung zu überwinden; ihr
Vorrücken erfolgt deshalb auch langsamer als das einer niedrigen.
Ebenso ist die Feuchtigkeit des Jahres wie ihre Lage von Bedeutung. Hat die Wanderdüne ihren Platz hinter einer anderen
oder hinter schützenden Baumgruppen, so bewegt sie sich langsamer vorwärts als eine andere, die dem Spiele der Winde
leicht zugänglich ist. Auf Grund einer größeren Zahlenreihe
hat Berendt für die Dünen der Kurischen Nehrung folgende
Werte für das jährliche Vorrücken gefunden: an der Luvseite
(Seeseite) 4,4 m, an der Leeseite (Haffseite) 7,89 m und am
Dünenkamm 6,15 m. Dabei ist hervorzuheben, daß diese Zahlen
eher zu klein als zu groß sind.

Wichtiger als eine Reihe anderer Ergebnisse, die von den
eben aufgeführten Resultaten mehr oder weniger abweichen, ist
das Ergebnis einer Studie, die Otto Baschin auf der nördlichsten der nordfriesischen Inseln, auf Fanö, machte. Auf dem
etwa 150 m breiten Strande an der Westseite wehten zur Zeit
der Beobachtung Winde parallel der Nordseeküste. Die Luft-
strömung hatte im äußersten Falle eine Geschwindigkeit, die
etwa der Größe 6 bis 7 der 12teiligen Skala entsprach. Dabei bildeten sich kleine, bis 1 m hohe Dünen, die meist die
Form der später erwähnten Bogendünen, der sog. Barchanen,
hatten. Während die Geschwindigkeit für das Vorrücken der
Wanderdünen im Jahr zwischen 3,2 m und 17 m schwankt,
rückten die kleinen Dünen auf Fanö täglich etwa 3 m vor.
Dieser gewaltige Unterschied erklärt sich leicht daraus, daß die
große Düne viel mehr Zeit gebraucht als eine kleinere, um an
der Leeseite so viel Sand anzuhäufen, daß eine merkliche Bewegung eintritt. Das ist besonders leicht verständlich, wenn

die zugeführte Sandmenge bei den verschieden hohen Dünen
gleich groß ist. Es nimmt also die Geschwindigkeit der Vor=
wärtsbewegung in dem gleichen Verhältnis ab, in dem die
Höhe der Düne zunimmt. Die seitlichen, niedrigeren Partien
der Stranddünen auf Fanö wanderten deshalb auch schneller
als die Hauptmasse.

Am obersten Ende der Leeseite bildete sich ein kurzer, fast
senkrechter Steilabfall aus, der dem Kamme die Form eines
scharfen Grates verlieh. Er entstand lediglich durch Abrutschungen,
die bei den geringsten Störungen eintraten. Vielfach genügte
bereits die bloße Annäherung an die Leeseite, um Luftwirbel
hervorzurufen, die derartige Bewegungen erregten. Oft war die
Ursache davon auch nicht zu erkennen.

Während des Wanderns blieb das Profil stets das gleiche.
Setzten dagegen die Rutschungen ein, so geriet der Sand an der
Leeseite in eine fließende Bewegung, die von unten her einsetzte.
Diese pflanzte sich dann bis zum Kamm hin fort und bildete
am obersten Teil der Leeseite für einige Sekunden einen wenige
Millimeter hohen Steilabhang. Der neu herbeirollende Sand
führte das gestörte Profil schnell wieder auf die alte Form
zurück. Das trat aber nur dann ein, wenn diese Dünen sich
gerade im Vorrücken befanden. Sobald der treibende Wind
aufhörte, entstand ohne Ausnahme durch Abrutschungen das ge=
störte Profil.

Bei dieser Gelegenheit wurden Messungen über die Rippel=
marken, die durch Windwirkung entstanden waren, angestellt.
Körnchen mit einem mittleren Durchmesser von 0,15 mm und
etwa 0,007 mg Gewicht bildeten derartige Kräuselmarken in
Abständen, die bei schwachem Winde kleiner waren als bei
kräftigen Luftströmungen. Bei einem mittleren Abstande von
13 cm betrug die Höhe nur wenige Millimeter, wenn die Wind=
geschwindigkeit zwischen 600 mm und 1140 mm in der Sekunde
lag. Grobkörnigeres Material häufte dagegen höhere Rippel=

marken an. So wurden Sandkörner von einer mittleren Korn=
größe beobachtet, deren Durchmesser etwa 1,7 mm betrug bei
einem durchschnittlichen Korngewichte von 12 mg. Bei 1,5 m
Abstand hatten die Marken dann 10 cm Höhe, bei 2 m Ab=
stand waren sie sogar 12 cm hoch.

Windbahnen. — Wo der Wind schräg über ein Dünen=
system aus fast parallelen Ketten bläst, entstehen in den Tälern
Luftwirbel. Diese werden mit fast horizontaler Achse in der
Länge der Täler fortgerollt, so daß diese vertieft, die Gehänge der
Dünenketten aber angeschnitten werden. Entsprechend der Wind=
richtung werden die Dünen selbst durch den herausgewirbelten
Sand vorläufig erhöht. Hat eins dieser Täler größere Breite
als seine Nachbarn, so überwältigt es sie bei seinem Breiter=
werden; eine Dünenkette wälzt sich dabei schließlich auf die
nächste und erhöht sie. Wenn sich 100 derartige Vordünen von
je 6 m Höhe derartig aufeinanderwälzen, entsteht eine Wander=
düne von 60 m Höhe. Ein derartiges Gebilde ist also als Ab=
schluß einer langen geologischen Arbeit anzusehen, zu deren
Ziel zahlreiche Dünen einen vielfach recht weiten Weg zurück=
legen mußten.

Auf der Kurischen Nehrung und an vielen anderen Orten
liegt zwischen den Vordünen und der Wanderdüne eine breite,
ebene Fläche, die Platte der Nehrung. Sie trägt eine nur
spärliche Decke von Gräsern, wenn sie nicht aufgeforstet wurde.
Man sieht in ihr die Straße, auf der die Wanderdüne lang=
sam landwärts wandert. Dabei soll der lockere Sand so weit
abgeweht werden, als der Spiegel des Grundwassers es nur
irgend gestattet. Tatsächlich blasen die westlichen und südwest=
lichen Winde auf der Luvseite der Düne den Graben aus, der
so oft die Bildung von Triebsand möglich macht. Einen Teil
ihrer Kraft bilden sie aber zu Wirbeln um und lassen diese
zwischen Vor= und Wanderdüne nordwärts rollen und die Platte
einebnen und glätten. Da die Achsen der wie Walzen wirkenden

Wirbel schräg gegen die Längsrichtung ihrer Bahnen gerichtet sind, werden die losgelösten Sandkörnchen schräg an den Luv= seiten der Dünen emporgetrieben.

Dünenhaken. Schmälere und breitere Ebenen aus Flug= sand lagern sich oft dem Fuße der Sturzdüne vor und tragen fast ausschließlich die Dörfer der Nehrungen. Nur selten deckt sie Wald, meist nur eine niedere, unterbrochene Decke aus dürren Gräsern und niederen Kräutern, mageres Ackerland oder saure Wiesen an tiefer gelegenen Stellen. Derartige Ausbiegungen der Binnenküste oder Nehrungen sind verhältnismäßig zahlreich und führen die Bezeichnung Haken. Meist setzen sie sich in das flache Wasser als Sandbänke fort und bauen bei größerer Breite auf sich kleine Dünen auf. Das Material dieser Haken stammt von den Wanderdünen, teils aus den paßartigen Wind= ausrissen, teils von der Sandhalde der Sturzdüne. Der Wind, der hier von Zeit zu Zeit vorbeibläst, veranlaßt auch, daß be= sonders dort, wo der hohe Dünenkamm seine Richtung ändert, derartige Haken sich ausbilden. Der Wind, der quer zum Ver= lauf der Wanderdüne aus dem Windriß bläst, und ebenso der Haffwind, welcher an der Sturzdüne entlang streicht, treffen in diesen Einschnitten auf eine Weitung. Sie müssen den mit= geführten Sand fallen lassen, und der bildet dann aus dem flachen Vorland und der hier sanfter geneigten Sturzdüne die vorgeschobenen Teile. Diese Dünenhaken bilden sich also entsprechend wie die Kliffhaken an den Kliffküsten durch die vorbeiziehenden Meeresströmungen.

Die gebrochene Leeseite. — Die sonst gleichmäßige Bö= schung der Düne wird von einer Kante unterbrochen, sobald die Wanderdüne auf ein tafelförmiges Hindernis von geringerer Höhe, z. B. einen geschlossenen Wald, anrückt. In den wind= stillen Raum hinter dem Walde rieselt der Sand dann wieder im natürlichen Böschungswinkel hinab. Der Wind, der über dem Walde mit verstärkter Gewalt dahinweht, bläst den oberen

Teil der Leeseite fort und läßt den mitgeführten Sand am ent=
gegengesetzten Ende des Waldes in größeren Mengen auf die
Leeseite fallen. Dort rücken nun die beiden Flügel der Düne
besonders schnell vor, schlingen sich um den Wald herum und
verschütten ihn nach und nach.

Dünenriegel. — Eine Bildung, die den Dünenhaken auf
der Leeseite entspricht, bildet sich auch an der Luvseite der Dünen
aus. In Gestalt eines nur wenig hohen Rückens unterbricht
sie als sog. Dünenriegel die Triebsandstreifen und kann als
Weg zwischen der Platte und den Wanderdünen verwendet
werden, der vor=
zugsweise freilich
von dem wirbeln=
den Sand benutzt
wird.

Einzeldünen.
— Ein Quertal,
das zuerst als
Windriß auftrat,
ist bei Pillkoppen

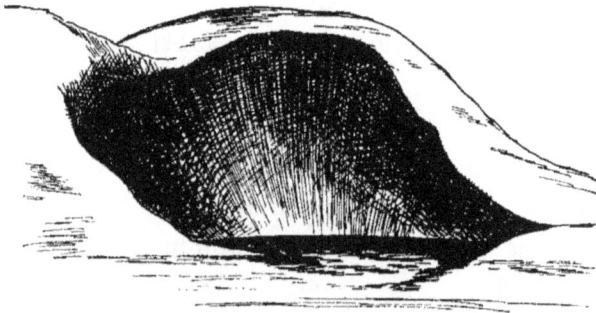

Fig. 34. Der Runde Berg von Rossitten. Von der Haffseite
gesehen; 1867. (Nach G. Berendt.)

bis auf die Platte der Kurischen Nehrung hinab eingesägt. Auf
diese Weise kann eine lange Düne in mehrere Teile zerfallen, von
denen jeder gesondert für sich weiterwandert. Auch hier haben wir
es mit „Zeugen" zu tun, die auf das Vorhandensein früherer langer
Kämme hinweisen. Bei reichlicher Sandzufuhr und wechselndem
Wind wachsen sie wohl selbständig heran. Diese Bedingungen
finden sich auf größeren Dünenhaken, auf deren flachem Ende sie
teilweise sitzen, als hakenförmige Ausläufer der Sturzdüne oder
als deren Reste. Wenn die Winde aus verschiedener Richtung
auf sie einwirken, können sie zu einer Kuppe abgerundet werden.
Herrscht dagegen eine Windrichtung vor, so wandern ihre nie=
drigen Teile schneller als die hohen und eilen flügelartig voraus.
Der kraterförmige „Runde Berg" von Rossitten, wie Berendt

ihn im Jahre 1867 darstellt, bietet ein gutes Beispiel dafür,
augenblicklich ist er ein kuppelförmiges Ganzes. Ähnliche zirkus=
förmige Sicheldünen oder konvexe Dünen finden sich auch
an anderen Küsten; bei ihrer Gestaltung beteiligten sich Wirbel=
bewegungen bewegter Luft. In gleicher Weise biegen auch die
Enden einer Dünenkette um. (Fig. 34.)

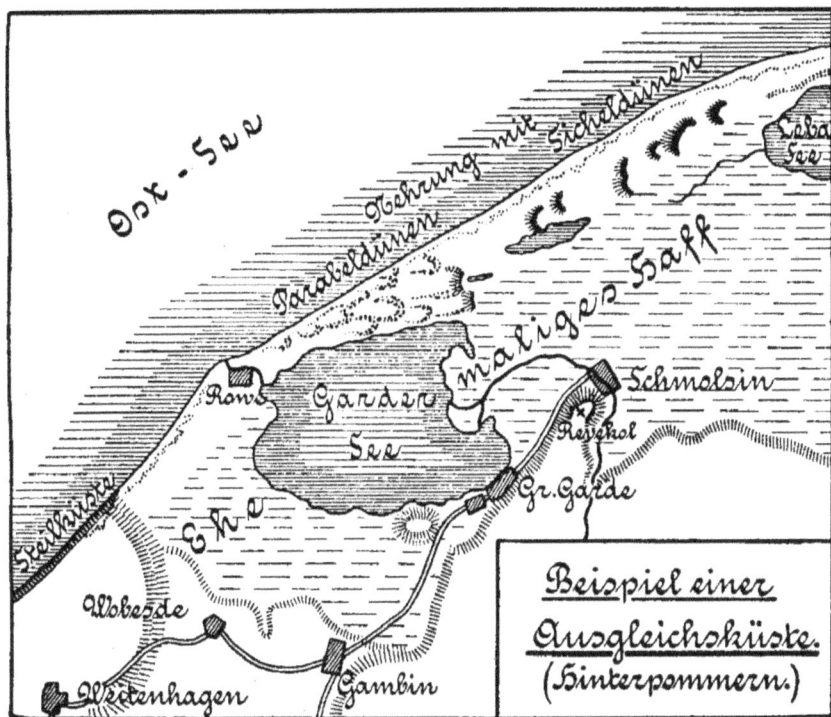

Fig. 35. Beispiel einer Ausgleichungsküste.
(Aus Fr. Solger: Die deutschen Seeküsten in ihrem Werden und Vergehen.)

Einzeldünen weisen andererseits eine Krümmung in ent=
gegengesetztem Sinne auf, so daß der konvexe Bogen auf der
Leeseite zu liegen kommt. Derartige Konkave oder Parabel=
dünen sind in Deutschland nicht selten und werden, wie das
beigegebene Kärtchen zeigt, gelegentlich angetroffen. Diese Bildung
ist dadurch begründet, daß hier Strandpflanzen den unteren Teilen
der Luvseite besonderen Schutz gewähren, während der Gipfel
unter der treibenden Kraft des Windes weiter wandert. (Fig. 35.)

Die Sichelbünen sind besonders für gewisse Wüstengegen=
den sehr bezeichnend. In der turkmenischen Wüste nennt man
sie Barchanen, und von hier ist diese Bezeichnung wohl auf
die gleichartigen Bildungen an unseren Küsten übertragen wor=
den. Sie müssen dort entstehen, wo völlig kahle Sandhügel
vom Winde fortgetrieben werden, und stellen gewissermaßen das
Endglied einer Formenreihe dar, die mit der Windmulde be=
ginnt und mit dieser Dünenart abschließt. Nur dort können
sie zur Entwicklung gelangen, wo auf der wandernden Düne
kein Pflanzenleben besteht und kein Kampf zwischen diesem und
dem rollenden Sande stattfindet.

Die Parabeldüne finden wir vorzugsweise an der pom=
merschen Küste. Jenseits der Windgräben liegen Flugsand=
hügel, deren Seiten bewachsen sind und deshalb hinter der
Hauptmasse des Sandes zurückblieben. Sie stellen die ein=
fachste Form einer Dünengestalt dar. An ihnen herrscht ein
lebhafter Kampf zwischen Vegetation und Sand, der hinter dem
Windgraben noch nicht sogleich zur Ruhe kommt. Immer aufs
neue versucht der Strandhafer den jüngst entstandenen Flug=
sandhügel an der Stirnseite des Grabens zu erobern. Dieser
Kampf gestaltet sich aber um so schwieriger, je größer der
wandernde Dünenteil ist. Günstiger liegen die Verhältnisse an
den Flanken. Durch die Windlücke des alten Dünenwalles
pfeift der Wind freilich hindurch, an seinen Rändern hält ihn
dieser Wall aber ab. Hier wird der losgetriebene Sand auch
nur verhältnismäßig langsam wandern, so daß die Pflanze hier
siegreich hervorzugehen vermag. Die Seitenwälle werden beim
Vorrücken der neuen Düne immer länger, auf Kosten der
eigentlichen Wanderdüne. Diese wird daher immer niedriger
und schmäler, und ihre Seitenrücken treten mehr und mehr zu=
sammen. Verschmelzen sie schließlich, so liegt die ganze Düne
wieder fest. Freilich ist sie dann noch nicht völlig bewachsen,
doch liegt sie so unverändert da, daß der hinaufsteigenden Vege=

tation kein Hindernis mehr ersteht. Bei dieser Dünenart ist
die Innenseite des Bogens also der Richtung zugewendet, aus
der die herrschenden Winde wehen, an unsern Küsten wäre das
aus Westen.

Wo nur allein Küstenzerstörung arbeitet, scheinen ausschließ=
lich Parabeldünen zu entstehen. Wo dagegen in geschichtlicher
Zeit starke Entwaldungen stattfanden, bildeten sich in unseren
Gegenden Sicheldünen aus. Die ersteren stellen die Endform
einer gewanderten Düne dar, die letzteren nur die Gestalt einer
bestimmten Art dieser wandernden Sandanhäufungen. Vor=
rückende Küsten besitzen deshalb Urdünen, zurückweichende da=
gegen Parabelformen.

Gewöhnlich erdrückt die Düne, was sie auf ihrem Wege
an Pflanzenwuchs vorfindet; sogar über ganze Wälder zieht
sie fort. Doch nur der hohe Teil in der Mitte schreitet schein=
bar über die Vegetation auf ihrem Wege dahin, ihre Rand=
teile verhalten sich anders. Hier versuchen verschiedene Pflanzen,
wie z. B. der Strandhafer, in ihrem Wachstum ebenso schnell
fortzuschreiten wie der Dünensand mit seinen Überschüttungen.
Gelingt ihnen das, so halten sie die randlichen Teile fest. Bei
dem Weiterziehen der Düne werden dann aber wieder die Seiten
festgelegt, und so verläuft der Vorgang auch weiterhin. Die
so losgerissenen Seitenteile bilden dann an den Flanken Sand=
wälle, bis zu deren Bildung nach und nach der ganze Sand
der Düne verbraucht ist. Dabei nähern sich die beiden Seiten=
wälle einander immer mehr und bilden schließlich den zusammen=
hängenden Bogen einer Parabeldüne. In diesem Kampfe
zwischen Sand und Pflanze hat dann also die letztere den Sieg
davongetragen.

Strukturen und Nebenerscheinungen der Dünen.

Technik und Wissenschaft haben bei ihren Experimenten in reicher Menge solche Wege benutzt, welche die Natur bereits seit Jahrtausenden wandelte. An jedem Gießbache zeigt sich, daß das abgesetzte Material nicht überall gleichmäßig niedersinkt. Vergleichen wir Körner aus dem gleichen Material und verschiedener Korngröße, so erkennen wir bei einiger Überlegung, daß bei den größeren im Verhältnis zur Körpergröße die Oberfläche klein ist. Andererseits ist bei den kleineren die Oberfläche verhältnismäßig groß. Diese Tatsache ist von einer gewissen Bedeutung! Nicht die Größe des Körpers, der Rauminhalt oder auch Volumen genannt, kommt mit Wasser in Berührung, sondern nur die Oberfläche. Werfen wir also Material irgendwelcher Art, z. B. Sand, in ein Gefäß mit Wasser, so sinken die Körner mit verhältnismäßig geringer Oberfläche schneller auf den Boden als die mit größerer, weil sie weniger Widerstand finden als die anderen. Das gröbere Korn setzt sich also schneller ab als das feinere. Es geht das so weit, daß sehr zarte Körnchen sogar Tage hindurch im Wasser schweben bleiben können, ehe sie sich am Boden absetzen. Die einzelnen Körnchen fallen um so schneller aus, je größer sie sind. Dieser Umstand gestattet, durch sog. Schlämmen Bodenproben daraufhin zu untersuchen, in wie großer Menge ihre Körner von verschiedener Größe an dem Aufbau des Materials teilnehmen.

Liegen gleich große Körner von verschiedenartigem Material vor, so werden die schwereren naturgemäß zuerst zu Boden sinken. Auch dieser Umstand ist bei Prüfungen von Gesteinsmaterial von Bedeutung. Notwendig hat man dazu nur eine Flüssigkeit, die selbst ein hohes spezifisches Gewicht hat und sich später von den Körnern leicht wieder entfernen läßt. Eine Reihe von Lösungen und geschmolzenen Substanzen kann in dieser Hinsicht verwendet werden. Sie veranlassen, daß die

schweren Mineralien so langsam ausfallen, daß sie noch ge=
sondert abgeschieden werden können.

Schwieriger wird der Gang der Untersuchungsweisen, wenn
Korngröße und Material bei den vorliegenden Proben von=
einander abweichen. Dann zeigt sich unter Umständen die
Trennungsflüssigkeit von oben bis unten hin mit den Bestand=
teilen gefüllt, und zwar ohne jede deutlich erkennbare Grenze.

Ein einfaches Experiment gibt darüber Aufschluß! Ein
heftiger Sturm hat hohe Bänke von Seepflanzen an den Strand
geworfen.

Nun lacht die Sonne wieder vom Himmel, und wir eilen
hinzu und suchen in ihnen nach kleinen Bernsteinstückchen. Eine
reiche Ausbeute lohnt unsere Bemühungen. Große und kleine
Brocken, zum Teil mit unansehnlicher Oberfläche, zum Teil mit
schönen, frischen Bruchflächen. Einige sind wasserklar und von
tieferer oder lichterer Goldfarbe, andere weisen eine mehr oder
minder deutliche Trübung oder gar größere Bläschen auf. Haben
wir besonderes Glück, so finden wir vielleicht gar weißliche
Stückchen, die wir beim ersten Blicke wohl für etwas anderes
halten möchten als Bernstein.

Als Trennungsflüssigkeit nehmen wir eine Lösung von Koch=
salz in Wasser, die wir in der Weise herstellen, daß wir Salz
sich so weit lösen lassen, als es nur immer mag. In sie hinein
werfen wir unseren Bernsteinfund. Die vollständig klaren Stücke
sinken zuerst langsam zu Boden; sollte die ganze Menge zuerst
auf der Oberfläche schwimmen bleiben, so setzen wir einige
Tropfen Wasser wiederholt hinzu, rühren um und warten etwas.
Durch fortgesetzte Verdünnung können wir nach und nach alle
Stückchen zum Niedersinken bringen. Am längsten bleiben die
kleinsten Splitter schwebend in der Salzlösung; erst zum Schluß,
wenn die Verdünnung sehr groß geworden ist, gleiten auch sie
zu Boden. Da sie meist aus dem klarsten Bernstein, d. h. dem
schwersten, bestehen, zeigen sie uns, wie sehr die Größe der

9*

Oberfläche hindernd auf den erwarteten, gleichmäßigen Verlauf der Sonderung einwirkt.

Die Natur bedient sich statt solcher schwereren Flüssigkeiten der Strömungen im Wasser, welche mehr oder weniger senk= recht emporsteigen. Auch diese verhindern durch ihre Reibung an den Körnchen, daß ein gesetzmäßiges, einfaches Ausfallen zustande kommt.

Die Schichtung, die keinem Dünensande fehlt, kommt vor= wiegend durch den Wechsel von gröberem und feinerem Sande zustande. Baut sich das Material aus verschiedenen Mineralien auf, so sondern sie sich nach ihrem spezifischen Gewichte. Gröberer, fast reiner Quarzsand wechselt dann mit feinkörnigeren Lagen von „Streusand". Dieser Wechsel verleiht den sonst so kahlen Dünen ein eigenartiges Gepräge. Die neuen Schichten ent= stehen der Hauptsache nach an der Luvseite unter etwa 30°, um an der Leeseite abgeblasen zu werden; die Schichtenköpfe fallen hier unter etwa 40° in die Sandebene ein. Ändert die Wander= düne ihre Richtung, so lagern sich an der Leeseite die Schichten in Winkeln übereinander. Bei genügender Sandzufuhr wächst auch die Luvseite, und sanft ansteigende Sandschichten setzen sich dann über den Schichtenköpfen ab. Derartige Diagonal= schichtungen finden sich in den Dünengebieten sehr häufig, auch an den bereits besprochenen Kupsten. An den Stellen, wo das Meer die Langseite der Düne benagt, sind freilich auf den bloß= gelegten Stellen nur horizontale Schichtungen zu erkennen, weil hier die schrägen Flächen der Schichten in der Richtung ihres Streichens abgenagt werden.

Alte Waldböden, Heidenarben und Kulturschichten. — Schreitet Dünensand über fremdartige Gebilde hinweg, so tritt die Schichtung besonders deutlich hervor. Die Bodennarbe, die vor langer Zeit von der Leeseite der Düne verschüttet wurde, kommt auf der Luvseite nach Jahrzehnten bis Jahrtausenden unversehrt wieder ans Tageslicht. Gelegentlich liegen mehrere

derartiger Schichten übereinander und bieten dann eine reiche
Fundstätte von Resten früherer Zeiten. Besonders auf der
Kurischen Nehrung finden sich unter derartigen Bedingungen
aus einer Zeit, die etwa 1000 Jahre v. Chr. liegt: Steinwerk=
zeuge, Steinspitzen= und =beile und Küchenabfälle wie Scherben
und Knochenreste. Aber auch Überbleibsel jüngerer heidnischer
Kulturepochen, dann solche christlicher, später an=
gelegter Wohnstätten, Gebeine von christlichen
Kirchhöfen neben Sargbrettern und Sargnägeln
kommen hervor. Schließlich wurden sogar Funde
gemacht, die nach den gleichzeitig angetroffenen
Münzen erst aus dem 17. Jahrhundert stammen.
Sie geben bei richtiger Deutung einen Maßstab
für das Wandern der Dünen. — Auch an anderen
Orten sind entsprechende Reste einer weit zurück=
liegenden Kultur entdeckt.

Der alte Waldboden stellt sich als eine Bil=
dung von humosem Sande dar, ist von Wurzeln
durchzogen und 5—30 cm hoch. Die Sande, die
ihn bedecken, verbergen die noch aufrecht stehenden
Stämme, werden sie vom Winde fortgeblasen, so
kommen die Überreste hervor. Diese sind meist
stark verrottet, so daß ihr harzarmes Holz zu
Mulm wurde. Wie auf der Kurischen Nehrung
ist gewöhnlich nur die Rinde neben Kiefernzapfen

Fig. 36. Blitzröhre
von der Kurischen
Nehrung. (Nach
A. Jentzsch.)

und Astzapfen erhalten. Die mulmigen Teile wurden mit dem
fortgeblasenen, bedeckenden Sande verweht.

Blitzröhren. — Wo der Blitz einen Baum des damaligen
Waldes traf, an ihm herabglitt und sich dann im Boden ver=
zweigte, bis er das Grundwasser erreichte, entstanden Blitzröhren.
Bei der hierbei stellenweise stark ansteigenden Temperatur schmolz
der Quarzsand bei seinem Gehalte an Alkalifeldspat und Kalk
zu einer Art Glas zusammen. Es entstanden lange, dünn=

wandige und vielverzweigte Röhren, die auf der Außenseite un=
regelmäßige Rippung besitzen und durch die vielen Körnchen,
die durch den Glasfluß verklebt und angeklebt wurden, eine
rauhe Oberfläche erhalten. Auf der Innenseite trieb die Ent=
ladung die Körner zur Seite und brachte sie vollkommen zum
Schmelzen, hier wurde der Sand verglast und bildete eine
durchaus glatte Fläche. Die zu Glas gewordenen Quarzkörnchen
sanken nicht rasch ineinander zusammen, sondern schlossen zwischen
sich in reicher Menge die vorhandene Luft in Form von Blasen
ein, die angeklebten aber wurden bei dem raschen Erhitzen und
Abkühlen vielfach rissig. Wird der Sand abgeweht, so zerbrechen
die langen Röhren in Stücke von etwa Fingerlänge, so daß man
sie nebeneinander in großer Zahl antreffen kann. Auch aus an=
deren Gegenden sind sie bekannt, nirgends aber so schön erhalten,
wie auf Dünen. Die tieferen Verzweigungen kann man durch
Nachgrabungen an den Fundorten bloßlegen. (Fig. 36.)

Korrosion. — Wie die bewegten Quarzkörner im Sand=
gebläse Glasplatten matt ätzen, wirken auch die im Windwirbel
herumgetriebenen im Dünengelände. Gesteine greifen sie in der
Weise an, daß sie die weicheren und weniger widerstandsfähi=
gen Mineralien herausschleifen, die härteren dagegen dauernd
glätten. Je nach der Beteiligung der einzelnen Mineralien an
dem Aufbau der Geschiebe oder der anstehenden Gesteinsmassen,
erscheinen diese dann als ganzes oder wenigstens an ihren her=
vorragenden Teilen geglättet, als ob sie gefirnißt wären. Ast=
hölzer im alten Waldboden tragen die Spuren einer derartigen
Behandlung in eigenartigen Furchen und Rippen, deren erstere
große Ähnlichkeit mit denen haben, die der Biber beim Fraß
mit seinen kräftigen Nagezähnen in das Holz gräbt. Wegen
ihrer regelmäßigen, durch das Gefüge des Holzes bedingten
Form hat man sie wohl auch als ein Werk menschlicher Hände
angesehen und, wie bei einem Schweizer Funde, als Belegstücke
für das dortige Auftreten des interglazialen Menschen angeführt.

Lebende Pflanzen haben in dem wirbelnden Sande weit mehr zu leiden als im Sturme, obwohl letzterer gelegentlich zur Ent= wurzelung führt. Wo Geschiebe längere Zeit der Einwirkung des Sandgebläses ausgesetzt ist, erhalten sie in der Windrich= tung eine Schlifffläche, wie sie oben erwähnt wurde, während der im Sande eingebettete Teil seine alte Beschaffenheit bei= behält. Springt die Windrichtung später um, so entsteht eine neue derartige Fläche. Diese schneidet die erstere unter Bildung einer Kante, und das Geschiebe oder Geröllstück wird zum Kantengeschiebe oder Kantengerölle. Tritt nochmals ein Wechsel in der Windrichtung ein, so kommt ein Dreikanter bzw. ein Pyramidal= geschiebe zustande. Sie finden sich an zahlreichen Orten und sind bezeichnend für den Geschiebesand, der von der Endmoräne, die das norddeutsche Flachland von Meck= lenburg durch die Mark und Pommern bis nach Westpreußen als breiter Gürtel durch= zieht, süd= und westwärts sich ausbreitet. Hier sind sie auf dem Boden einer Kies= wüste ausgebreitet, die nach dem letzten Rückzuge der Eismassen dort entstand und vom Winde ausgeblasen wurde. (Fig. 37.)

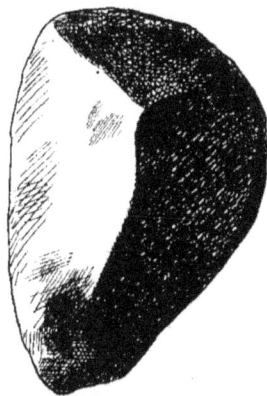

Fig. 37. Dreikanter aus dem norddeutschen Flachland. 1/3 natürl. Größe.

Aufpressungen. — Wenn Sand als Vorland eines Dünen= hakens über Torf oder anderes weicheres Material dahinwandert, so preßt er sie zusammen. Wasser wird teilweise dadurch ent= fernt und der Sandboden gelegentlich zu einem günstigeren Pflanzen= nährboden. Wo aber die Sturzdüne heranzieht, quillt der Torf vor ihr unter der gewaltigen Last wie ein Wall hervor. Ähn= lich verhält sich auch der weiche, tonige Mergel am Boden der Haffe; er wird dabei stellenweise 3 bis 5 m über das Wasser emporgehoben. Eine derartige Bildung führt die Bezeichnung Drummsack.

Niederpressungen entstehen dadurch, daß alle Schichten über den zusammendrückbaren bei dieser Gelegenheit nachsinken. Bei Felsen und Sanden ist eine solche Zusammendrückbarkeit sehr gering, größer bei Mergeln und Tonen und am größten beim Torf. Dieser verwandelt sich dabei in eine braunkohlenartige, schieferige Masse. Nur selten gelingt es, das Nachsinken der aufliegenden Schichten unmittelbar wahrzunehmen und zu messen. Wohl aber bieten Bodenuntersuchungen und die dabei erhaltenen Querschnitte, welche diese Vorgänge erläutern und sogar Maß= zahlen gewinnen lassen, Gelegenheit dazu.

Meertorf, Meermarsch und versunkene Wälder. — Wo die See das Land abspült, kommen die niedergepreßten Erdschichten am Meeresgrunde hervor, werden abgespült und in Stücken ans Ufer geworfen, Torf in besonders großen Schollen. Derartige Reste finden sich an allen deutschen Küsten, anstehende Lager an vielen Orten doch nur auf einzelne Stellen beschränkt, nämlich dort, wo die Düne über Torf dahinschritt. Wo sie über Marschboden, Schliff, Haffmergel und Wälder hinwanderte, trieb sie diese am Meeresufer, ein oder wenige Meter unter dem Meeresspiegel, empor. Nun sind alle ostfriesischen Inseln als Dünen anzusehen, die einst in der Richtung nach Süden über Torf und tonigen Marschboden fortwanderten. Das gleiche gilt von einem großen Teil der westfriesischen Inseln und ferner von den nordfriesischen, die freilich die Richtung nach Osten einschlugen. Auch an der Küste Hinterpommerns bis nach Rix= höft in Westpreußen hin überschreiten Dünen meilenlange Torf= moore und pressen Meertorf an der Küste empor.

Wuchs ein Wald auf dem Untergrunde des Torfes, so wurden auch seine Wurzeln tief unter den Meeresspiegel hinab= gedrückt; die Stümpfe umrahmen dann, bis zu Manneshöhe emporragend und fest im Meeresgrunde stehend, den Strand. Auf der Kurischen Nehrung, z. B. in der Nähe von Cranz, auf der Frischen Nehrung, in Hinterpommern und Holstein finden sich

derartige Bildungen am Strande. Ebenso gelangen auch Gräber
und andere Kulturreste in den Bereich des Meeres. (Fig. 38.) —
Die unterseeischen Wälder an Dünenküsten dürfen deshalb nicht
herangezogen werden, um Landsenkungen nachweisen zu wollen.

Torf und andere Schichten, die im Süßwasser entstanden,
können auch im Kliff mehrere Meter über dem Meeresspiegel

Fig. 38. Unterseeischer Wald und Meertorf an der Ostseeküste bei Leba in Pommern.
(Dr. mod. Weidmann-Leba phot.)

auftreten. Gelangen nämlich Windmulden einer hohen Düne
dadurch zur Ruhe, daß das Grundwasser ansteigt, eine andere
Düne angeschüttet wird oder ein benachbarter Wald aufwächst,
so werden sie an ihrem Boden feucht und lassen eine Pflanzen=
decke zur Entwicklung kommen. Diese macht schließlich den
Boden undurchlässig und führt zur Bildung von Torf aus
Torfmoos und Riedgräsern oder von kleinen Tümpeln. Der=
artige Moostorffchichten, bzw. feuchte Stellen, findet man

auch heute noch. — Hebt sich wie auf Jütland das Land über
das Meer empor, so entstehen entsprechende Bildungen.

Chemische Vorgänge im Dünensande. — Die Ver=
mittlerin verschiedener Neubildungen in den Dünen ist überall
vorhandene Feuchtigkeit. Kalkhaltige Dünen werden ausgelaugt;
je älter die Düne ist, desto weiter ist dieser Vorgang vor=
geschritten. Eisensalze, die aus einzelnen Mineralkörnern oder
aus dem Grundwasser stammen, werden von der Luft zwischen
den Quarzkörnern oxydiert. Alle diese werden dabei mit einem
zarten Häutchen von Eisenoxydhydrat überzogen, so daß sie trotz
ihrer Farblosigkeit eine gelbliche Tönung annehmen. Wo wasser=
reicher und durchlüfteter Dünensand aneinander grenzen, scheidet
sich das Eisenoxydhydrat in so großen Mengen ab, daß die
Körner verkittet werden. Es entsteht der sog. Ortstein; ist er
zerreiblich, so führt er die Bezeichnung Fuchserde. Da er
für Pflanzenwurzeln einen Untergrund bildet, der schwer durch=
bringbar ist, wird er allgemein gehaßt. Neben Eisenverbindungen
enthält er hauptsächlich und zwar in größerer Menge Sub=
stanzen, die durch Umwandlung der Pflanzendecke der Heide
entstanden und sich an der Färbung und Verkittung der Körn=
chen beteiligen. An der Ackeroberfläche gehen sie langsam in
schwarze Erde (Humus) über.

Wassergehalt der Dünen. — Jede, noch so trocken er=
scheinende Düne läßt bereits in einer Tiefe von wenigen Zenti=
metern einen geringen Gehalt an Feuchtigkeit erkennen. Dieser
nimmt mit der Tiefe zu, in größerer Tiefe liegt endlich der
eigentliche Grundwasserspiegel, der nach dem Dünenfuße abfließt.
Auch auf Nehrungen oder Hakenbildungen besteht er stets aus
süßem Wasser, das aus Regen und Schnee entstand, und wird
deshalb zur Speisung der Brunnen verwendet. Mit seiner
Oberfläche ragt es etwas über den Meeresspiegel empor, mit
seiner Sohle dagegen unter ihn hinab. Die feinen Zwischen=
räume zwischen den Körnchen können Wasser emporzusaugen,

doch vermögen sie es nicht allein bis auf den Gipfel der gewal=
tigen Dünen zu heben. Da jeder Tropfen Regen sofort in
ihnen versinkt, bei kurzen Regengüssen die Sandkörner der Ober=
fläche zusammentreten und die tiefer liegenden vor Befeuchtung
bewahren, so ist es schwierig — besonders bei hohen Wüsten=
dünen in Gegenden großer Regenarmut — das Vorkommen von
Feuchtigkeit in den Gipfelteilen zu erklären. Nach A. Jentzsch
wird sie durch den inneren Bodentau erklärt, der dadurch
entsteht, daß das Bodenwasser verdunstet und die entstehende
feuchte Luft auf den Zwischenräumen zwischen den Sandkörnchen
die ganze Düne durchzieht. Diese schlägt ihre Feuchtigkeit durch
Abkühlung an der Oberfläche, sei sie durch Winde oder die
niedrige Temperatur der Nacht hervorgerufen, nieder. Durch die
fortgesetzt sich abspielende Zirkulation feuchter Luft wird im
Inneren der Dünen ein Wärmeausgleich angebahnt und jeden=
falls auch der Umstand bedingt, daß der Frost innerhalb der
Dünen nur bis zu einer geringen Tiefe hinabbringt.

Kampf mit Flüssen und Meeresströmungen. — Flüsse
nagen Dünen, die an sie herantreten, an und lassen sie steile
Halden bilden. Wandert die Düne sehr rasch, so drängt sie
den Fluß zur Seite, ist dieser stärker, so durchbricht er sie.
Nun versuchen alle Flüsse, meist in der Richtung der Küsten=
strömung, ihre Mündung seitlich zu verlegen. Hierbei werden sie
durch den Strandwall gegen die Luvseite der Vordüne gerichtet,
gleichzeitig rücken Strandwall und Vordüne langsam vor und
versuchen die Mündung zu schließen, was ihnen wohl auch bei
kleinen Wasserläufen gelingt. Einen fortgesetzten Wechsel in
einem derartigen unausgesetzten Kampfe zwischen Dünen und
Flüssen weist das Gebiet der Weichselmündung auf.

Zwischen den nord= und ostfriesischen Inseln stürzen zwei=
mal täglich Ebbe und Flut und zwar jede auf anderen Bahnen
in das dahinter liegende Wattenmeer und wieder zurück. An
der Seeseite wirken Abrasion und Erosion; sie werfen einen Teil

des zerstörten Materials als Sand auf den Strandwall und geben den anderen an die Ländereien am Wattenmeer zur Bildung fruchtbarer Erde ab. Auch die Dünen auf den Haken dieser Inseln werden angenagt und verschieben sich nach dem Wattenmeer hin. Der Haken versucht länger zu werden, doch die Gezeitenströmung kämpft dagegen an. Es findet dabei eine Anhäufung des Sandes am Ende des Hakens statt, die Wurzeln verschmälern sich und werden durchbrochen, und schließlich zerfällt die Insel so in zwei oder mehrere. Deshalb dürften die ostfriesischen Inseln auch nicht als die höchsten Gipfel einer Dünenkette bezeichnet werden, die ins Meere versank. Das Meer hat hier seit Tausenden von Jahren einzelne Inseln zerrissen, verkleinert und umgestaltet, durch Hakenbildung andere wieder vereinigt oder vergrößert; dabei nahmen einige an Höhe zu, andere wieder ab, je nachdem Meeresströmungen und Wogen, Wind und Flora in wechselnder Arbeit sich an der Umbildung beteiligten, bis schließlich der Mensch durch seine Tätigkeit diesen Inseln bestimmte Formen gab.

Dünenketten sperren schließlich auch an Flüssen größere und kleinere Seen ab.

Fossile Dünen. — Von den Dünen verflossener Zeiten sind die meisten vernichtet, andere in Resten erhalten. Sandsteine, in denen Baumstämme in größerer Zahl nebeneinander stehen, wie in den Wanderdünen unserer Küsten, stellen derartige frühere Bildungen dar. Es ist im höchsten Grade interessant, auf die Bedingungen des Wachstums der Dünen und auch auf die Gründe einzugehen, weshalb sie gewisse Gegenden überziehen, andere wieder nicht.

Hebung und Senkung. — Aus verschiedenen Beobachtungen ergibt sich die Tatsache, daß bei der Faltung der Erdrinde an gewissen Stellen die Küste aus dem Meere emporstieg oder versank. Man spricht in diesen Fällen von Hebung und Senkung. In neuerer Zeit erkannte man aber, daß je nach

Ort und Zeit auch der Meeresspiegel seine Lage verändert.
Die scheinbare Hebung und Senkung ist also das Ergebnis
mehrerer Bewegungen, und deshalb setzt man für die erstere
Bezeichnung vorteilhafter die Bezeichnung negative Verschie=
bung der Strandlinie, im anderen Falle, wo das Meer
scheinbar emporsteigt, spricht man von einer positiven Ver=
schiebung der Strandlinie. Bequeme und übersichtliche Bezeich=
nungen sind relative Hebung und Senkung. Schichten über
den höchsten Springfluten und Eismassen sind z. B. sichere Kenn=
zeichen für eine relative Hebung, wenn sie Muscheln enthalten.
Eine nähere Prüfung aller Umstände ist freilich in allen Fällen
notwendig, wenn man nicht einem Irrtum anheimfallen will.
Dennoch ist erwiesen, daß derartige Hebungen und Senkungen
von mehreren tausend Metern stattfanden. Für die Alluvial=
zeit der Nord= und Ostseegebiete, also für die Zeit der letzten
Jahrtausende, ist nachgewiesen, daß sie sich senkten, während
Skandinavien, Finn= und Estland sich hoben. So hat man
z. B. von Marken, die an den Felsen der schwedischen Küste
angebracht waren, eine Hebung des Landes um $1\frac{1}{2}$ m im Jahr=
hundert nachweisen können. Im letzten Jahrhundert verzögerte
sich diese Bewegung bis zum äußersten Maße oder kam sogar
zum Stehen.

Flußdeltas mit Dünenbildung haben die Neigung zu sinken.
Bei jeder Überschwemmung wird über einige ihrer Teile neues
Material von Schlick und Sand geschichtet, und der dadurch
gedrückte Untergrund sinkt etwas tiefer. Im Laufe der Jahr=
tausende können die kleinen Beträge dieser wiederholten Sen=
kungen sich zu mehreren Metern summieren, besonders wo Torf
den Untergrund bildet. Würde dagegen die Küste nur um 1 cm
gehoben, so träten alle Riffe näher an die Oberfläche des
Wassers heran. Sie würden von der Brandung kräftiger in
Anspruch genommen, mit ihren Sandkörnern den Strandwall
verbreitern und sogar eine neue Vordüne entstehen lassen.

Bei einem Versinken um den gleichen, kleinen Betrag ent=
fernt sich auch die Abrasionsfläche vom Meeresspiegel und die
Menge des ausgeworfenen Sandes nimmt ab. Gleichzeitig wird
der Strandwall in stärkerem Maße als bisher angegriffen, der
Strand verschmälert und die Vordüne bis auf die nächstältere
Düne ins Innere des Landes getrieben.

Hätte das Meer dauernd die gleiche Höhe, so würden die
Klippküsten mehr zurückgedrängt, die Buchten ausgefüllt und so
eine schließlich völlig ausgeglichene Küstenlinie geschaffen. Daß
das deutsche Flachland einst höher lag, ergibt sich aus der
jetzigen Lage der alten, mit Süßwasserschichten ausgefüllten
Talsohle. Sie ruht in Königsberg mindestens 20 m, in Pillau
30 m und in Mecklenburg (Warnowtal) mehr als 10 m unter
dem Spiegel der Ostsee, und ähnliche Tatsachen liegen von der
Nordseeküste vor.

Einfluß der Deltabildungen. — Aus Flußabsätzen und
zerstörten Küstengesteinen werden die Nehrungen und Küsten=
dünen aufgebaut; bei den einzelnen Dünengebieten tritt bald
die eine, bald die andere der beiden Bildungsweisen in den
Vordergrund. So wächst die Kurische Nehrung nicht durch den
Sand des von ihr geschützten Haffs. Zum großen Teil liefert
ihr das Baumaterial die Abrasion des Meeresgrundes, zum
kleineren die Erosion der samländischen Klippküste, an die sie
sich ansetzt.

Behält der Meeresspiegel seine Höhe bei, so rückt die Delta=
nehrung nach der See hin vor. — Die der Frischen Nehrung
war nach Wulfstan, der den ersten Reisebericht über diese
Gebiete gab, in der Nähe von Elbing durch ein Tief unter=
brochen. Dann versandete um 1200 das Kahlberger Tief, und
Jahrhunderte hindurch bestand das Balgasche Tief, während
das jetzige bei Pillau sich erst 1497 ausbildete, worauf das
Balgasche, die „Balge", versandete. Dieser früher öfter durch=
brochene Nehrungsteil ist durch langen Kampf des Menschen

gegen Wind und Wellen heute festgelegt. Er bildet ein un=
regelmäßiges Haufwerk niedriger Dünen, zwischen denen Sümpfe
liegen.

Das Wachsen der Dünen auf Deltas geht sehr schnell vor
sich, wie man an dem 1840 entstandenen kleinen Delta von
Neufähr sehen kann. Bei jeder Deltabildung setzen sich zuerst
Bänke von Sand oder Schlamm ab. Diese rücken immer weiter
ins Meer hinein vor, bauen sich dabei immer mehr auf und
ragen dann teilweise aus dem Wasser hervor. Nach dem Meere
hin bilden sie dann einen Strandwall, und auf ihm türmen
sich dann, falls genügend Sand vorhanden ist, die Dünen auf.
Diese rücken nur langsam dem Lande zu vor; rascher als sie
dehnt sich die dahinter liegende flache Insel in dieser Richtung,
bis sie schließlich mit dem Festlande verwächst.

Bei der Elbe trat die Senkung an der Mündung sehr rasch
ein. Die Sedimentmassen des Stromes vermochten deshalb
nicht entsprechend auszugleichen. Dieses Verhältnis scheint sich
dadurch ändern zu wollen, daß im letzten Jahrhundert die
relative Senkung unserer Küsten langsamer verlief. Schon früher
hatten sich auf der linken Seite der Elbmündung die Sand=
bänke so weit vorgeschoben, daß kleine Inseln entstanden; auf
der rechten Seite geht jetzt Entsprechendes vor sich. Seit 1854
bildeten sich dort im Watt, 15 km nordwestlich vom Friedrichs=
koog kleine, kaum 1 qm große Inselchen, die sich dann zur
Insel Trischen vereinten. An Ausdehnung und Höhe hat diese
seitdem beständig zugenommen, so daß sie 1872 bereits 16,64 ha
maß und 1894 an 103 ha. Im Gegensatz zum Süd= und
Ostufer wurden die West= und Nordufer steil; schließlich bildete
sich am Westrande eine Düne, die 1886 an ihrem höchsten
Punkte 4,90 m erreichte.

Der von der Elbe mitgeführte Sand reicht freilich allein
zu derartigen Anhäufungen nicht aus. Hinzukommt, daß diese
Neubildungen von Sandstränden sich auch weiter nördlich im

Kniepsand vor Amrum, bei Röm und an anderen Stellen
finden. Da gerade in diesem Teile der Nordsee die Kräfte der
Flutwelle und der Stürme am heftigsten wirken, so würde auch
die immerhin geringe Menge des Elbsandes diesen zerstörenden
Kräften nicht standhalten können. Der Sand, der hier Inseln
baut, stammt aller Wahrscheinlichkeit nach hauptsächlich aus dem
Wattenmeer, und der Elbstrom schafft ihn nur ins Meer. Der
Meeresboden fällt außerhalb des alten Nehrungsgürtels schnell
ab, aber über ihn hinaus liegen große Schuttkegel. Sie wurden
durch die Arbeit des Stroms vor den größeren „Tiefs" des
Wattenmeeres aufgehäuft. Die Wellen des Meeres werfen diese
Sandmassen teilweise wieder an den Rand der Nehrung zurück,
so daß sich hier der meiste Sand absetzt.

Derartige Bildungen treffen wir an den Mündungen der
großen Flüsse, Elbe, Weser und Ems, im Vortrapp=Tief bei
Amrum, dem Lister=Tief bei Röm, bei Trischen, Scharhörn und
Borkum an. Daraus erklärt sich auch die eigenartige Erscheinung, daß gerade hier die größten Neubildungen zu verzeichnen
sind, wo die Zerstörung am mächtigsten ist. Hat hier doch
auch der Elbstrom wegen seiner größeren, mittleren Flut die
größte Gewalt. Gerade die besonders kräftigen Wellen werden
die Schuttkegel am besten aufarbeiten. Einzig und allein
dem mitgeführten Elbsande den neuen Zuwachs an Land zu-
zuschreiben, ist freilich verlockend, weil auch die Wasser aus dem
Wattenmeere naturgemäß ihren Abfluß durch die Flußmündungen wählen.

Einfluß des Materials. — Die Gesteine des nord=
deutschen Flachlandes sind der Bildung von Küstendünen sehr
günstig. Von der Menge des verfügbaren Sandes hängt das
Wachstum der Kliffnehrungen und ihrer Dünen ab. Kurze
Kliffnehrungen behalten ziemlich unverändert ihre Form und
Lage bei, längere häufen, wie bereits gezeigt wurde, den Sand
an ihrem Ende an und rücken hier vor, während die Wurzel

sich verschmälert und die Neigung zu Durchbrüchen eintritt. Die ersten von ihnen schließen sich wohl wieder von selbst; nach und nach tritt aber die Neigung auf, wie bei den ostfriesischen Inseln aus dem Ende eine Insel oder eine Inselreihe zu bilden. Auch die Kurische Nehrung hat das Bestreben, bei Sarkau durchzubrechen, während ihr Ende sich nord- und seewärts vorzuschieben sucht. Trotz des Memeler Tiefs gibt sie ihren Sand an die nördlichste Küstenpartie Deutschlands ab. Hier, wo das Meer von einem Teile der ehemaligen, niedrigen Kliffküste zurücktrat, baut sie Dünen auf.

Einfluß von Wind- und Küstenrichtung. — Unabhängig von der Richtung der Küste und des herrschenden Windes verlaufen alle Küstendünen dem Strandwalle parallel. So begleiten sie auf der Halbinsel Hela den Strandwall in scharfer Krümmung. Auf der Innenseite des Hakens setzen sie sich noch ein Stück fort und enden schließlich, wenn sie mehr in den Schutz der Bucht kommen. Der Winkel des Windes, der gegen die Küste stößt, ist von Bedeutung für die Menge des Sandes am Strande und das Wachstum und Wandern der Dünen. Da in Europa vorherrschend Südwestwinde wehen, sind die nach Westen geöffneten Buchten ihnen preisgegeben, die Ostküsten dagegen mehr geschützt. Doch sind letztere wie auf Rügen nicht ohne alle Dünen, für deren Entstehung der Verlauf des Strandwalls immer das Wesentliche bleibt. Land- und Seewinde, auf- und absteigende Luftströmungen wechseln und kämpfen miteinander, und die Gesetzmäßigkeit mit der das geschieht, wirkt hauptsächlich dabei mit, daß die Ausbildung der Küstendünen überall gleichartig ist. Vergleicht man unsere Nehrungen miteinander und in ihren verschieden gerichteten Teilen, so muß zugegeben werden, daß im einzelnen die Gestaltung aber auch durch den Winkel, den Küste und vorherrschende Windrichtung bilden, bedingt wird.

Einfluß des Klimas. — Nur soweit das Klima das

Verhalten des Wassers beeinflußt, hat es Einfluß auf die Be=
wegung des Dünensandes. Wo Schnee längere Zeit den Strand
bedeckt, verhindert er durch das Zusammenkleben seiner Teilchen
die Deflation. Solange er noch locker ist und den Wind=
strömungen gehorcht, wird er stellenweise fortgeblasen und läßt
Lücken entstehen, welche dem Winde zugänglich bleiben. Diese
Stellen sind auch von der Beschattung und der Bodenwärme
abhängig, die nach dem Stande des Grundwassers, der Böschung,
Pflanzendecke und Bodenfärbung wechselt. Sie werden im Winter
zu Windmulden, aus denen der Sand heraus und auf den
Schnee geweht wird. Auf der Kurischen Nehrung wurde in
einem Falle Schnee so mit einer Sanddecke von 40 cm Höhe
überschüttet. Im Frühjahr bleibt unter Schneewehen der Dünen=
sand noch lange geschützt.

Auch Regen legt den Sand und sogar die Kräuselmarken
fest. Diese Pause währt aber nur kurze Zeit, da das Wasser
schnell versinkt und der Wind die feuchten Körnchen an der
Oberfläche schnell abtrocknet. In der Nähe der Kämme be=
ginnt dann die Bewegung wieder zuerst. Der Sand ist dort
vorwiegend gröber und trocknet schneller, und der Wind weht
an diesen Stellen außerdem am häufigsten. Hier wirbeln des=
halb Sandwolken bereits auf, wenn am Fuße der Luvseite noch
alles in Ruhe ist. Regen erniedrigt deshalb die Kämme. Seine
Dauer und Häufigkeit sind also von Bedeutung, nicht aber seine
Heftigkeit. Solange es regnet, liegt die Düne fast gänzlich
fest; nur wo im Regenschatten die Ränder von Windkehlen
noch trocken blieben, treibt der Wind sein Spiel weiter. Auf
jeden Regenfall folgt eine Zeit der Ruhe, diese ist um so kürzer,
je größer die Körner und je größer die Stärke des Windes
sind. Mit geringen Unterbrechungen niedergehende Regenfälle
würden also wesentlich dazu beitragen, hohe Dünen abzutragen
und Neubildungen zu verhindern. Käme dagegen die gesamte
Regenmenge des Jahres auf einmal herab, so würde ihre

Wirkung im Vergleich mit der vorigen verhältnismäßig ge=
ring sein.

Das Abtrocknen des Sandes wird durch Nebel und feuchte
Luft ebenfalls erschwert. Die Dünenentwickelung wird mithin
durch eine Änderung des Klimas beeinflußt. Das ist bereits
dann der Fall, wenn Temperatur und Niederschläge im Laufe
der Jahre gleich groß bleiben und sich nur nach Tagen und
Jahreszeiten anders verteilen. Es ist sogar nicht gleichgültig,
ob der Regen während des Tages oder während der Nacht
fällt: Der Sonnenschein beschleunigt das Abtrocknen, und außer=
dem ist es nicht ohne Bedeutung, ob Land= oder Seewind
durch den festgewordenen Sandboden in ihrer Arbeit gestört
werden.

Starke Stürme heben die obere, lose Sandschicht ab, treffen
dann aber auf festes Material. Deshalb ist die Leistung häufiger
Winde von mittlerer Stärke unter Umständen wirkungsvoller,
als die heftiger Stürme. Diese höhlen die Steilränder der
Windkehlen tief aus, vermögen die flachen Luvseiten aber nicht
allzusehr zu verändern.

Der Wechsel des Wetters ist dagegen wieder von größerer
Bedeutung. Mit der Feuchtigkeit ändert sich das Verhalten
der übereinander liegenden Schichten von feinem und grobem
Sande; ferner sind die höheren und niederen Teile des Ge=
ländes und die Verschiedenheit der Böschungen in den ver=
schiedenen Himmelsrichtungen von der Stärke und Richtung
des Windes abhängig.

Durch anhaltendes, gleichmäßiges Wetter tritt in der Dünen=
landschaft fast ein Zustand der Beharrung ein. Dann veranlaßt
der kleinste Wechsel in der Witterung im Sande einen förm=
lichen Aufruhr, weil dann jede Stelle durch den Umschlag
anders beeinflußt wird.

Da jede Pflanzenart, die auf den Dünen zu gedeihen ver=
mag, an bestimmte Grenzen des Klimas gebunden ist und jede

Feuchtigkeit ihr Gedeihen fördert, ist der Einfluß des Klimas auch nach dieser Richtung hin von hoher Bedeutung.

Einfluß der Pflanzendecke. — Daß geschlossener Wald die gebrochene Leeseite hervorruft, ist bereits früher erwähnt. Ferner hindert jede geschlossene Pflanzendecke, daß Sandkörnchen fortgeführt werden. Neu herangewehten Sand hält sie fest und läßt aus ihm Dünen hervorgehen. Einige Pflanzen gedeihen nur oder immer noch bei derartiger Zufuhr, andere sogar er= heblich besser als unter anderen Verhältnissen, die meisten werden dadurch freilich vernichtet. Es wurde auch geschildert, wie Bäume, Sträucher und einzelne Pflanzen in ihrem Windschatten schmale Zungenhügel aufschütten, und wie diese schnell zunehmen, bis die Wurzeln unterwühlt werden. Derartige Gewächse geben wohl an vielen Orten die erste Veranlassung zur Dünenbildung, doch ist ihre Gegenwart nicht unumgänglich zu jeder ersten Ent= stehung solcher Anhäufungen notwendig. Sie binden den Sand in verschiedener Weise, einmal durch mittelbare oder unmittel= bare Deckung: Windschutz, dann durch ihre Beschattung, die dem Boden die Feuchtigkeit erhält, durch sog. Sonnenschutz, und schließlich durch die Bildung von Humus. Diese Erd= krume verkittet die Körnchen und bildet eine zerreibliche Boden= masse; sie befördert den Verlauf chemischer Umsetzungen, schafft dadurch vermehrte Nährstoffe für später an dieser Stelle ge= deihende Pflanzengenerationen und bildet im Untergrunde den Ortstein.

Das natürliche Vergehen der Dünen. — Jede einzelne Düne wird durch die Kräfte, die sie bildeten, später wieder auf= gelöst und vernichtet. Die Einzeldüne wächst in die Länge und Breite, bis sie ihre größte Ausdehnung erreicht, dann fällt ihr hoher Kamm den Winden anheim, es entstehen Windrisse; andererseits durchfurchen Sturmfluten die Nehrung an der schmal und niedrig gewordenen Wurzel. Auch die Wander= düne geht schließlich ihrer Zerstörung entgegen, da ihre größte

Höhe auch von der Sandmenge abhängig ist, die zugeführt wird. Gelangt sie an Gehänge, so verwandelt sie sich in eine Stufen=düne. Die Pause kann von Pflanzen benutzt werden, um sich leichter als vordem auf ihr anzusiedeln und sie schließlich voll=kommen festzuhalten. Wandert eine Küsten= oder obere Stufen=düne, ohne höhere Gehänge zu erreichen, so kommt sie schließ=lich zum Stehen, wenn ihr kein neuer Sand zugeführt wird. Ihr Material fällt teilweise in Täler und Senken, bleibt an Pflanzen und kleinen Dünen haften und wird schließlich in Stücken von den Gewächsen in Besitz genommen und zum Still=stand gebracht. Wälder bieten, je mehr sie emporwachsen, immer günstigere Deckung für Gräser und Kräuter, die aus dieser ge=sicherten Stelle mit größerer Leichtigkeit als bisher am Sand=hang emporsteigen. — Auch barometrische Minima sind nicht ohne Einwirkung, wenn sie ihre Bahnen ändern; dann wird durch sie das Klima feuchter, die Dünen nehmen an Höhe ab, der Pflanzenwuchs dagegen zu und gewinnt und überzieht den vor=dem lockeren Boden.

Das Aufhören der Sandzufuhr tritt häufiger ein, bereits wenn sich neue Vordünen vorlegen oder in weiter Ferne ein Kliffhaken in die Länge wächst und den Küstenstrom, der früher Sand an diese Stelle des Ufers führte, ablenkt.

Meeresströmungen und Flüsse zerstören die Dünen ebenfalls. Aus den Sandmassen breiten sie einen flachen Meeresgrund aus oder bilden eine breite, flache Sandstufe, auf denen die Nähe des Grundwassers das Gedeihen befestigenden Pflanzen=wuchses zuläßt.

Das Werden und Vergehen unserer deutschen Küste.

Fern von der Küste verhält sich die Woge fast harmlos; hier schaukelt sie die Schiffe im wesentlichen nur auf und nieder. In dem seichten Wasser des Ufergeländes überschlägt sie sich aber

und bildet die gefürchtete Brandung. Die gewaltigen Wasser=
massen üben an Steilküsten eine zerstörende Wirkung aus, sie
unterhöhlen den unteren Teil des Absturzes und nagen dicht
über dem Wasserspiegel eine sog. Brandungshohlkehle heraus.
Die oberen Teile des Ufers verlieren dabei ihren Halt und
stürzen herunter. Solche Abbrüche sind nach dem Winter be=
sonders häufig, weil dann in den Spalten des Gesteines das
Eis schmilzt, das hier entstand, sich dabei dehnte und den Zu=
sammenhang lockerte. Die herabgestürzten Massen werden von
den Wogen fortgeschafft, so daß das Meer von neuem an die
Küste treten und sein Zerstörungswerk beginnen kann. Auf
diese Weise wird die Strandlinie immer mehr und mehr
zurückgedrängt. Unter dem Wasserspiegel bleibt der Rumpf der
Küste als flache Terrasse stehen, und die Welle muß nun über
diese dahinlaufen, um die Küste zu erreichen. Tritt die Küsten=
linie immer mehr zurück, so hat die Welle einen immer weiteren
Weg über die Terrasse zu machen, und dabei wird ihre Kraft
immer mehr gebrochen.

Je mehr die Wirkung der Brandung abnimmt, desto mehr
haben Regen und Verwitterung Zeit, in Tätigkeit zu treten.
Sie mildern die schroffen Formen der Steilufer und häufen
dort, wo sonst eine Brandungshohlkehle war, große Mengen
von Verwitterungsschutt auf. Die geschwächte Brandungswelle
begnügt sich damit, diesen fortzuräumen; nur bei Sturm gewinnt
sie ihre alte Kraft wieder, drängt den Schutt zur Seite und
greift die Steilwand selbst an. Hier schafft sie eine neue Kliff=
küste, an der die Verwitterung wieder einsetzt und neue Schutt=
massen zum Schutz gegen die See herunterwirft.

Das losgelöste und teilweise vom Meere fortgeführte Ge=
steinsmaterial hat nun sein eigenes Schicksal. Die feinen, tonigen
Teilchen trägt die Welle ins weite Meer hinaus, den gröberen
Sand wirft sie aber wieder an die Küste. Die Winde, bei
uns die Westwinde, treiben die Wellen und mit ihnen den Sand

an der Küste hin. Dieser wandert z. B. an der Küste Hinter=
pommerns und des nördlichsten Westpreußen immer mehr nach
Osten und bildet dort die Halbinsel Hela, wo die Strandlinie
nach Süden umbiegt. Sobald der Wellenschlag an Kraft ver=
liert und die Sandkörnchen nicht mehr tragen kann, entstehen
überall derartige langgestreckte Halbinseln oder Nehrungen, be=

Fig. 89. Sandanhäufung am Strande von Osternothafen, hervorgerufen durch die Stengel
einer Dünenpflanze (Honkenya).
(Aus Fr. Solger: Die deutschen Seeküsten in ihrem Werden und Vergehen.)

sonders dort, wo die Uferlinie eine tiefere Einbuchtung erfährt.
Hier schiebt die Strandlinie sich vor, an den vorspringenden
Steilküsten muß sie dagegen immer mehr zurücktreten: sie sucht
also in ihrer Entwickelung einer Ausgleichung und Verein=
fachung zuzustreben.

    Wo das Meer den Sand anschwemmt, entsteht ein Flach=
strand. Der Wind, der über die weite Wasserfläche weht,

trocknet seine kleinen Körnchen ab und führt sie landeinwärts mit sich fort. Dieses ist um so leichter möglich, als der Salz= gehalt dieses Ufers und die ausdörrende Kraft des Windes eine schützende Pflanzendecke nicht zur Entwicklung kommen lassen. Nur wenige Gewächse sind diesen ungünstigen Verhältnissen an= gepaßt und dann für die Gestaltung des ganzen Strandes von großer Bedeutung. (Fig. 39.)

Der Strandhafer sendet von geschützten Stellen her seine Ausläufer in den Sand, und diese strecken in kurzen Abständen neue Halmbüschel hervor. Die unter= und oberirdischen Pflanzen= teile halten den Flugsand fest, so daß er sich an ihnen an= häuft. Während andere Gewächse dadurch in die Gefahr zu ersticken kommen, verlegt der Strandhafer seine Teile mit dem emporsteigenden Sande in die Höhe und vermag deshalb ohne Beschränkung immer wieder die rollenden Körner zum Stehen zu bringen. Dadurch geben sie zur Bildung von Dünen Ver= anlassung und schützen das hinter diesen liegende Kultur= land. Wenn bei besonders rascher Anschwemmung die Strand= linie schneller vom Lande fortrückt, nimmt der Uferstreifen schnell an Breite zu, und die Dünenpflanzen besiedeln ein neues Stück von ihm. Dabei entsteht dann vor dem ersten Dünen= wall ein zweiter. Auf der Kurischen Nehrung verbreitet die Anschwemmung den Strand nicht, sondern sie verlängert ihn; dadurch kam es nicht zur Bildung von einem System hinter= einander liegender Dünenketten, sondern zu dem von einem ein= zigen, besonders hohen Sandwall.

Nun ist die Bildung einer Flachküste aber nur im Schutze einer vorspringenden Steilküste möglich. Weicht diese unter der zerstörenden Wirkung der Wellen zurück, so wird die Flach= küste ihres Schutzes beraubt und fällt der Zerstörung anheim; mit der Steilküste zusammen weicht sie dann vor dem Meere zurück. Dadurch geht ein scharfer Unterschied zwischen den an= geschwemmten und zerstörten Strecken der Küste verloren, und

die Strandlinie nimmt immer mehr die Form einer glatten
Kurve an, die Vorsprünge und Einbuchtungen auszugleichen
strebt. Die pommersche Küste am Garder See zeigt diese Ver=
hältnisse besonders deutlich. Steil= und Dünenküste liegen hier
in derselben Linie. Nur an der Mündung des Lupow=Flusses
befindet sich ein kleiner Vorsprung, weil hier die Wellenwirkung
durch die gegen sie ankämpfende Strömung des Flüßchens ge=
schwächt wird. (Vgl. Fig. 35.)

Langsam weichen unsere Küsten zurück, nur dort, wo größere
Ströme in die See einmünden, kann das Land dem Meere
größere und fruchtbare Strecken abgewinnen. Der schwere Boden
der weiten Niederung von Danzig nach Marienburg hin, die
als „Werder" bezeichnet wird, besteht aus Weichselschlamm, mit
dem der Strom eine Meeresbucht langsam ausfüllte. Derartige
Bildungen sind freilich nur dort möglich, wo sich ruhiges Wasser
findet, in anderem Falle ist eine solche Deltabildung ausgeschlossen.
Wo der Wellenschlag des Meeres in die Mündung hineinschlägt,
wie bei der Elbmündung, kann sie nicht zustandekommen. In
den ruhigen Haffen beteiligen sich also auch die Flüsse an der
Küstenbildung, sie schütten die Wasserbecken allmählich zu und
bilden so fruchtbare Marschen.

Nagen die Wellen später den Küstenvorsprung, der die
Nehrung hervorgehen läßt, langsam ab, so wird auch diese bald
durch Wind und Wogen vernichtet. Ihr Sand wird auf den
Boden der Marschen geweht und begräbt sie unter seiner Last;
das weiche Moor aber wird zusammengepreßt. Wandert die
Nehrung noch weiter dem Lande zu, so türmt sie sich stellenweise
vollständig auf dem niedergedrückten Moorboden empor. Mit
der Zeit kommt dieser mehr und mehr an der See zum Vor=
schein und wird dann vom Sturm in Stücken losgerissen und
ans Land geworfen. Bereits an früherer Stelle wurde be=
sprochen, wie man in derartigen Stücken ein Zeichen dafür sehen
wollte, daß die Meeresküste sich gesenkt hätte. Auch wurde

erörtert, wie die zerstörende Wirkung der See sich abändere, wenn die Küste sich im Verhältnis zum Meeresspiegel höbe oder senke.

Daß die Küste der Ostsee sich im Laufe der Zeit gesenkt hat, steht außer Frage, da eine Reihe von Tatsachen hierfür spricht. Außer geologischen Befunden sind hier mancherlei vor= geschichtliche Werkzeuge von Bedeutung, die man vom Boden der See bei Mecklenburg hervorholte. Sie stammen von dem Menschen, der zur Steinzeit Flächen bewohnte, die heute die Flut bedeckt. Dabei wandern unsere Gedanken zu der Stelle hin, wo dereinst die sagenhafte Stadt Vineta in die Tiefe des Meeres versunken sein soll. Etwa 1½ km nördlich von dem Örtchen Damerow an der Küste von Usedom liegt heute 2 m unter der Wasserfläche ein Steinriff, die sog. Vineta= bank. Sie stellt eine sandige Fläche mit Granitfindlingen

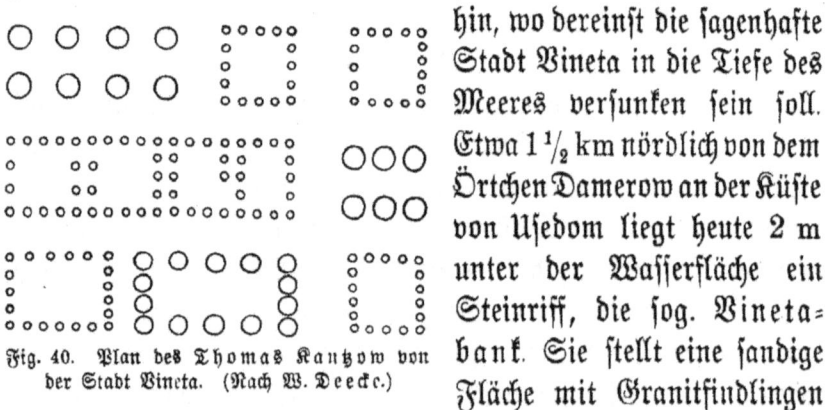

Fig. 40. Plan des Thomas Kantzow von der Stadt Vineta. (Nach W. Deecke.)

dar. Früher lagen hier noch viel mehr Blöcke, doch hat man eine große Zahl von ihnen heraufgeholt und zum Aufbau der Hafen= molen von Swinemünde verwendet. — Im 16. Jahrhundert, erzählt Thomas Kantzow, war kein „Mauerwerk" mehr vorhanden, wohl aber noch die Anordnung der Fundamentsteine, die in ihrem Längs= und Querverlauf an die Richtung der einzelnen Straßen erinnerten. Daneben ragten damals an drei oder vier Orten große Steine ellenhoch über Wasser und schienen die Stellen anzugeben, wo früher Kirchen oder Rathäuser standen. Auf Grund des nunmehrigen Tatbestandes und historischer Doku= mente hat W. Deecke die einleuchtende Ansicht ausgesprochen, daß dieses die Reste alter Hünengräber seien, die in das Meer versanken. (Fig. 40.)

Die Nordsee läßt infolge ihrer Verbindung mit dem Welt=
meer noch ganz andere Kräfte zur Entfaltung kommen, als es
in der Ostsee der Fall ist. In ihrem Gebiete wirken außerdem
auch Ebbe und Flut auf die Küsten ein. An dem deutschen
Ufer liegen zahlreiche Inseln, deren äußerer Rand mit der
Verlängerung der dänischen Küste in einer Linie liegt. Während
der dänische Strand eine sehr glatte, einheitliche Strandlinie
hat und an den Hinterpommerns an der Ostsee erinnert, besteht
der deutsche aus vielen kleinen und größeren Inseln. Das er=
klärt sich daraus, daß die Gezeiten am dänischen Gestade kaum
merklich sind, am deutschen Küstenanteil dagegen um mehrere
Meter täglich zweimal fallen und steigen. In früheren Zeiten
waren sie hier von viel geringerer Bedeutung als jetzt, zweifellos
zeigte die Küste damals die gleiche Beschaffenheit wie die dänische.
Der äußere Inselkranz des deutschen Anteils war ursprünglich
eine Strandlinie, die erst nachträglich durchbrochen wurde. Die
Senkung des Landes und das Breiterwerden des Ärmelkanals,
durch welchen die Flutwelle jetzt einzudringen vermochte, gaben
den Anstoß dazu. — Hier reihten sich früher, wie an der heutigen
Ostseeküste, Steilküsten und dünenreiche Nehrungen aneinander.
Hinter den letzteren setzten die einmündenden Flüsse den fetten
Marschenschlamm längs der Küste ab; besonders Elbe und
Weser lieferten zur Frühlingszeit reiche Schlickmassen. Seiner
Entstehung nach stellt dieses Marschenland also eine ebene Fläche
dar, die kaum über den Meeresspiegel hervorragt. Sturmfluten
des Meeres und das Frühlingshochwasser der Flüsse würden
ihre Siedelungen vernichten, wenn man nicht bereits auf ihren
Schutz bedacht gewesen wäre, bevor man noch Deiche errichtete
und so das Meer fernhielt. Zuerst ging man darauf aus, die
Wohnungen auf künstlich aufgeworfenen Erhebungen außerhalb
des Bereiches vernichtender Überflutungen zu bringen.

Die deutsche Nordseeküste konnte in ihrer alten Form dem
verstärkten Angriff der Wogen nicht widerstehen. Eine schwere

Sturmflut durchbrach die Nehrung und brach in die hinter ihr
liegenden Haffe ein. Das ganze gegen das Land geworfene
Wasser mußte bei seinem jedesmaligen Zurückfluten diese Durch=
brüche als willkommenen Ausweg benutzen und vertiefte sie,
wenn es sich als reißender Strom durch sie hindurchzwängte,
immer mehr und mehr. Schließlich bildete sich nach solcher
dauernden Arbeit des Wassers der heute bestehende Zustand
aus. So zeigt bei Flut die Wattenküste eine weite Wasser=
fläche, mit ihren flachen Linien schauen die ungeschützten Inseln,
die Halligen, kaum daraus hervor. Segelboote können nun
den Verkehr zwischen den äußersten Inseln meilenweit nach der
Küste hin vermitteln. Zur Ebbezeit dagegen zieht sich von ihnen
bis zum Festlande ein Gebiet hin, in dem nur noch einzelne
Ströme und Priele das nicht abgeflossene Wasser dem Meere
zuführen. — Im Binnenlande bilden sich die Flußtäler dadurch,
daß Regenwasser einen Weg nach tiefer gelegenen Stellen sucht.
In gleicher Weise entstanden die Wasserläufe hier; sie haben
das Wasser fortzuführen, das zur Zeit der Flut über den seichten
Stellen der Küsten, den Watten, stand. Die neue Flut setzt
dann wieder mit einem langsamen Ansteigen der Meeresfläche
ein und macht durch das unmerkliche Zunehmen, das man mit
einem Heranschleichen vergleichen könnte, einen unheimlichen
Eindruck. Dabei strömt es mit solcher Macht daher und
später wieder zurück, daß sich infolge dieser Bewegung kein
Schlick abzusetzen vermag und selbst der vorher schon vorhandene
mit hinaus in die weite See geführt wird. Viel stärker macht
sich seine abtragende Kraft freilich noch bei Springfluten be=
merkbar — aber heftiger noch als sie sind die Wirkungen der
Stürme. Peitscht Nordwestwind die herannahende Springflut,
so wälzt er die ganzen Wogen der Nordsee in deren Südost=
winkel gegen das Wattenmeer, und solche gewaltigen Sturm=
fluten haben bereits weite Strecken der Marschen verschlungen
oder gar fortgerissen. Zur Zeit des Mittelalters fand eine

Periode gewaltiger Meereseinbrüche statt, denen Tausende von Menschenleben zum Opfer fielen. Damals gingen auch zwei Landbesitze verloren, der des Dollart und des Jadebusens.

In der Bildung unserer Nordseeküste lassen sich also zwei Bildungsvorgänge unterscheiden, ein aufbauender und ein zerstörender. Die Kräfte während der ersten Periode haben naturgemäß während der zweiten nicht völlig geruht, denn auch in dieser fand Anschlickung und damit Neubildung von Marschenland statt, freilich nur auf den ruhigsten Stellen des Wattenmeeres. Hier setzte dann auch der Mensch mit seinen Arbeiten ein, um gegen den Anprall der Wogen ruhige Winkel durch Schutzdämme zu schaffen und so den Schlickabsatz zu befördern, dann sollten sie aber auch das neu eroberte Land für dauernde landwirtschaftliche Nutzung brauchbar machen, da sie die Sturmfluten von ihm fernhielten. So entstanden neben den künstlich errichteten Hügeln, den Warfen und Wurten, die ersten Deiche, mit deren Anlage bereits vor dem 12. Jahrhunderte begonnen wurde. Diese letzteren schützten nicht nur die eigenen Siedelungen gegen die Fluten, sondern bereits das ganze Land. Hier mußten die Bewohner ganzer Landstrecken sich zur gemeinsamen Arbeit zusammenschließen, um Deiche zu erbauen und zu erhalten. Unter diesen Umständen entstand ein eigenartiges Deichrecht, das in seiner Herbheit durchaus dem dauernden Kampfe des Menschen in diesen Gebieten entsprach; so sollte einem jeden die Hand abgehauen werden, der das Pflanzenkleid beschädigte, welches den Deich bedeckte und schützte. Die Gesetze jener alter Bauernstaaten sind durch die jetzige Staatsgewalt wesentlich verändert, doch hat diese damit nur weiter geführt, was jene vorzeiten begannen.

Solch ein Deich, der das Marschland schützen soll, steigt mit sehr flacher Böschung von der See bis über die Wasserhöhen der größten Sturmfluten empor. An dieser nur sehr wenig steilen Böschung gleiten die Wellen gleichsam empor,

ohne einen Widerstand zur Entfaltung ihrer vernichtenden Kraft
zu finden. Wo fie mit ihren Stößen fenkrecht auf eine Wand
auftreffen, würden fie ja im höchsten Grade verderblich wirken.
— Dagegen ift die Böschung nach dem Lande hin wesentlich
fteiler angelegt. Man hat im Gegenfatz zu den Küftenteilen
Hollands fich auf deutschem Boden nur darauf beschränkt, Ge=
biete einzudeichen, die durch Anschlickung bereits über die Fluten
emporstiegen. Um neuen Schlickmaffen, die fich außen am Deich=
fuß anfammeln, ruhiges Waffer zum Niederfitzen zu schaffen,
baut man aus Steinen oder Fafchinen Buhnen ins Meer hinaus,
die die Wellen brechen. Hat fich fo ein neues Gebiet gebildet,
das zum Eindeichen reif ift und die Koften für die Herftellung
eines neuen Dammes zu decken verfpricht, fo wird es ebenfalls
mit einer fchützenden Umgebung verfehen. Damit wird ein altes
Wallftück freilich bedeutungslos, man läßt es aber ruhig weiter
beftehen, ohne feiner Erhaltung jedoch die bisherige Sorgfalt
weiter zuzuwenden. Diefe gilt nunmehr nur noch den Seedeichen,
die unmittelbar vor dem Anprall der Wogen ftehen. (Fig. 41.)
    Wo die Gewalt der Wogen fich bricht, trägt fie den Schlick
zu fruchtbarem Marfchenlande herbei. Das bewährt fich auch
bei jenen kleinen Infelchen, die als Refte der zerftörten alten
Küftenlinie übrigblieben: den Halligen. Sind die oftfriefifchen
Infeln Überbleibfel des alten Nehrungsgürtels, fo ftellen die
Halligen Refte des alten Marfchenbodens dar, der hinter jenem lag.
Bis vor kurzem meinte man noch, daß fie unfehlbar dem Unter=
gange geweiht feien, denn im Verhältnis zu den Koften für die
Herftellung eines wirkfamen Uferfchutzes waren die zu gewinnenden
Landmengen recht klein. Da fie jedoch den Wogendrang von
den Feftlandmarfchen abhalten und das Ufer des Feftlandes
fchützen, befeftigte man die nördlichften von ihnen durch Stein=
böfchungen und verband fie außerdem durch lange Dämme mit
dem feften Lande. Diefe letzteren haben die Aufgabe, unter
ihrem Schutze die Anfchlickung zu begünftigen. Kann man auf

die Dauer Geld und Arbeitskraft schnell genug aufbieten, um
der zerstörenden Kraft des Meeres zuvorzukommen, so hat man

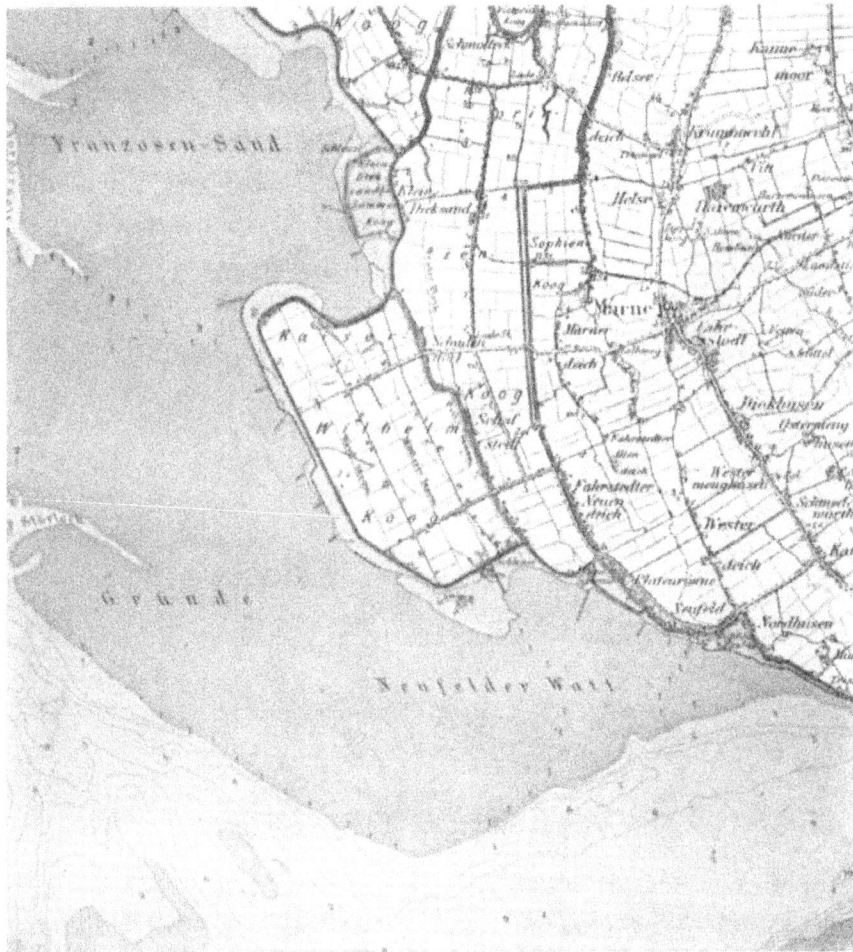

Fig. 41. Holsteinische Küste nördlich der Elbe-Mündungen mit Schutzbauten.
(Aus Fr. Solger: Die deutschen Seeküsten in ihrem Werden und Vergehen.)

das Spiel gewonnen und vermag die Fluten mit Erfolg und
Vorteil von weiterer Zerstörung fernzuhalten und zur teilweisen
Herausgabe des fortgeführten Landes zu veranlassen. — Bei hin=
reichend genügenden Mitteln kann auch der Uferschutz zu hohen
Leistungen gebracht werden, das beweisen die Arbeiten an der

Insel Helgoland, dem äußersten Vorposten der deutschen Küste.

Hier hat das Zerstörungswerk der Wogen dauernd seinen Fortgang genommen, und daß es immer weiter fortschreitet, erfuhren zu ihrem Leidwesen auch die Marinebehörden, als sie die Insel nach der Besitznahme durch Deutschland zu befestigen begannen. Immer weiter unterkehlte die Brandungswelle den

Fig. 42. Küstenschutzmauer auf Helgoland.
(Aus Fr. Solger: Die deutschen Seeküsten in ihrem Werden und Vergehen.)

unteren Teil der steilen Wände, und immer wieder stürzten Teile von ihnen zur Frühlingszeit in die Flut hinab. Da die Insel aber in politischer Hinsicht von großem Werte ist, gab man die einmal begonnene Arbeit nicht ohne weiteres auf. — Heute schützen zahlreiche Steinmauern den Fuß der Felsen und ziehen sich zwischen seinen vorspringenden Pfeilern hin. Damit sind dem Meere die Handhaben für seine weiteren Zerstörungen genommen, so daß die Aufgabe der Erhaltung dieser Insel in der Hauptsache als gelöst angesehen werden kann. (Fig. 42.)

Geologische Beobachtungen am Sandstrande.

Wie vorher bereits erwähnt wurde, sinkt Sand beim Be=
feuchten zusammen; sobald Sand oder sandige Erde in trockenem
Zustande vorliegen und dann durch Zusatz geringer Wassermengen
durchtränkt werden, tritt eine Verminderung ihrer Masse ein.
Am besten überzeugt man sich von dieser Tatsache dadurch, daß
man in einem Glase von 4 bis 5 cm Durchmesser folgenden Ver=
such anstellt. Man füllt dieses bis auf einen Rand von 1 cm
Höhe mit gut getrockneter Erde und sorgt durch wiederholte
kleine Stöße dafür, daß sie sich schließlich in gleichbleibender
horizontaler Fläche einstellt. Bezeichnet man diese Höhe an der
Außenseite des Glases mit einem Strich und läßt tropfenweise
Wasser ins Glas fallen, so wird es mehr oder weniger lange
die Form kleiner Kugeln annehmen und sich dann zwischen den
Körnchen ausbreiten. Dann steigt das weiterhin zugesetzte Wasser
schnell abwärts, wenn die neu hinzukommenden Tropfen auf
bereits befeuchtete Stellen treffen. Ist die Erde schließlich voll=
kommen vollgesaugt, so erscheint sie gleichmäßig dunkler als
vorher und ist unter die erwähnte Marke hinabgesunken. Setzt
man das Wasser dagegen sofort in größeren Mengen hinzu, so
ist seine Aufnahme viel schwieriger. Die Erde saugt sich nur
langsam voll, und dabei wird ihr Volumen zuerst freilich auch
etwas kleiner, dann aber nimmt es wieder seine ursprüngliche
Größe an und geht schließlich über diese hinaus.

Wurde das Wasser in Tropfen hinzugesetzt, so läßt sich das
Glas nach der Verminderung des Volumens umkehren und
stark schütteln, ohne daß sein Inhalt sich irgendwie loslöst. Es
ist in diesem Falle auch ein ziemlicher Kraftaufwand erforder=
lich, um einen Finger in diese durchfeuchtete Masse einzubohren. —
Hat man dagegen sogleich größere Wassermengen in das Glas
gegossen, so daß nach einigen Tagen das zuletzt zugesetzte zum
Teil noch oben aufschwimmt, so läßt sich hier der Finger leicht

in ihn hineindrücken. Kehrt man nun das Glas um und
stößt einige Male sanft dagegen, so löst sich fast sein ganzer
Inhalt los und stürzt heraus. Bei dieser Art des Wasser=
zusatzes berühren sich die Oberflächen der einzelnen Körnchen
nämlich nicht direkt, es hat sich vielmehr noch Wasser zwischen
sie gedrängt und die zwischen ihnen wirkende, anziehende Kraft
vermindert. Damit wurde die Beweglichkeit der Teilchen gegen=
einander erleichtert.

Ähnliche eigenartige Verhältnisse zeigen sich nach rascher
Durchfeuchtung am Strande. Wo der Strand von der auf=
tauchenden Welle nur einige Male befeuchtet wurde, bildet er
über dem trockenen Untergrunde nur eine dünne Decke. Aus
ihr reißt der Fuß eines jeden Strandwanderers ein Stück von
Sohlengröße heraus, und der lichter gefärbte Untergrund kommt
dann zum Vorschein. Die anziehende Kraft der Schuhsohle auf
diese feuchte Sandschicht ist eben größer wie die des trockenen
Sandes. Nach einem kräftigen Regen von kurzer Dauer kann
man diese Erscheinung fast auf dem ganzen, sonst trockenen Sande
wahrnehmen.

Wenn die Wellen bei stärkerem Seegange oder unter dem
Einfluß des Seewindes immer höher am Gestade emporsteigen
und über Teile hinwegziehen, die bisher trocken waren, zeigt
sich eine weitere eigentümliche Erscheinung. Wo die Strand=
partie nur zeitweise von einer wenige Millimeter hohen Wasser=
schicht bedeckt ist, treten kleine Öffnungen, ungefähr von der
Größe eines Stecknadelkopfes, auf. Aus ihnen steigt mit mehr
oder weniger gurgelndem Geräusche Luft und hebt das Wasser
über sich zu meist kleinen, schnell zerfließenden Bläschen empor.
Die Sanddecke läßt bei der Befeuchtung ihre Körnchen dichter
zusammentreten und sinkt außerdem nach unten. Dabei ruft
sie aber auf die Luft, die unter ihr abgeschlossen ist, einen
Druck hervor. Wo Körnchen durch ihre Lagerung oder Form
eine Stelle geringeren Widerstandes bieten, erzwingt sich der

Überdruck von unten her einen Ausweg, und die gepreßte Luft entweicht nun so lange, bis Gleichgewicht zwischen ihr und der Außenluft hergestellt ist. Dabei entweichen die unter der dünnen Wasserschicht aufperlenden Luftblasen zuerst immer mit der größten Heftigkeit, dann wird diese Bewegung immer weniger lebhaft und versagt schließlich ganz. Beflutet eine weitere Woge diesen Teil des Strandes, so wird die feuchte Sanddecke dicker und senkt sich noch tiefer. Dann perlt aber nicht mehr aus allen vorher entstandenen Öffnungen die Luft gleichmäßig hervor, einige von ihnen werden weniger, andere vorzugsweise benutzt. Auch treten bei jedem weiteren Befeuchten einige bestimmte Luftkanäle mehr und mehr hervor. Dabei nimmt ihre ursprüngliche Weite zu und kann schließlich sogar bis auf ihren fünffachen Wert anwachsen. Wenn die Luft überaus heftig entweicht, so nimmt die Mündung die Form eines Trichters an, dessen oberer Durchmesser 10- bis 12mal weiter sein kann als bei den eigentlichen Luftkanälen. Dieses Zusammensinken des Sandes und damit auch das Entweichen von Luftblasen wird mit jeder weiteren überflutenden Welle schwächer; wahrscheinlich sind die Sandkörnchen schließlich so dicht zusammengetreten, daß sie das Wasser nicht weiter eindringen lassen. Dann wächst die Dicke des durchfeuchteten Sandes nicht weiter, und damit hört dann auch ein weiteres Zusammensinken auf.

Gräbt man den Sand um diese Öffnungen vorsichtig fort, so bemerkt man, daß die Lufträhren verschieden tief in den Sand hinabführen, und zwar die weitesten auch am tiefsten. Diese Röhren bleiben auch noch längere Zeit erhalten, wenn die Wellen sich mehr vom Ufer zurückziehen. An gewissen Tagen treten sie in so großer Menge auf, daß sie auf viele Meter hin Streifen bis etwa $\frac{1}{2}$ m Breite bilden. Sie erinnern dann an die Röhren, wie Sandwürmer sie hervorbringen, und stehen sämtlich senkrecht. Die sog. Skolithenbildungen der kambrischen Sandsteine sind wohl in entsprechender Weise entstanden.

11*

Daraus läßt sich schließen, daß diese Skolithensandsteine
sich an der flachen Brandungszone absetzten.

Im Dünengebiete der Halbinsel Darß an der Grenze von
Pommern und Mecklenburg liegt ein Strand vor, der ganz
eigenartige Beobachtungen zuläßt. An einigen Sturmtagen
spülen die Wogen groben Sand an, der sehr rasch trocknet und
deshalb nach wenigen Stunden schon landeinwärts treibt. Die
nassen, aus zerriebenem Torfmoore hervorgegangenen, dunkel
gefärbten Reste bleiben länger feucht. Dann vermag aber auch
schwacher Wind sie zu bewegen und breitet sie auf den Dünen=
sanden als schmale, dünne Decke aus, die bei dem ersten Anblick
an das Auftreten von Magneteisenerz erinnert. Sie sind mit
feinstem Quarzsande gemengt, ferner mit etwas Lehm oder Ton
und Kalkstaub nebst Muscheltrümmern.

Am Fuße der ersten Düne wechseln also grober Sand und
dünne, feinsandige, schwarze, kohlige und schwach kalkige Lagen
miteinander. Als ein kräftiger Regen die Oberfläche befeuchtet
hatte, flog der grobe Sand bereits nach 12 Stunden davon,
die dunkleren Lagen blieben dagegen zuerst noch hart und feucht.
Nach dem Trocknen zeigten sie einen Aufbau aus lauter kon=
zentrisch schaligen Partien in regelmäßiger Anordnung mit dunkler
Farbe der einzelnen Ringe. Dabei lagen die Mittelpunkte
dieser zusammengehörenden Ringsysteme stets in den Tälern der
alten Rippelmarken. Die Kämme von diesen trockneten rasch
ab und wurden hell, so daß sich die nassen, dunklen Ringe dann
sehr scharf abhoben. Der grobe treibende Sand schaffte die
trockenen Erhebungen der Kräuselmarken fort, so daß an ihren
Stellen sogar Furchen entstanden. In sie faßte der Wind so
tief hinein, daß der untere weiße, grobe Sand herausflog. Be=
sonders die Täler der Rippelmarks und den feinen Sand hatte
der Regen völlig durchtränkt. In den ersteren hatten sich neben
gröberem Sande besonders kohlige Teilchen und Staub im Wind=
schatten angesammelt. Von hier aus sickerte das Wasser in die

Tiefe, nicht gleichmäßig von allen, sondern vorzugsweise von einzelnen, vielleicht etwas tiefer gelegenen Stellen aus; es drang in der Form eines Kegels oder Zapfens abwärts und ver= kittete dort den meist groben Sand des Liegenden, d. h. des Untergrundes. In diesem bildeten sich dadurch Halbkugeln und stumpfe bis spitze Kegel, die alle konzentrisch=schalig aufgebaut waren und im Laufe des nächsten Tages mehr und mehr vom Winde herausgeblasen wurden. Die gesamte obere Vordüne war in einem Falle 24 Stunden lang auf weite Entfernung hin mit Tausenden solcher Gebilde bedeckt. In jeder Weise glichen sie den Sandkugeln und Sandkegeln, wie man sie in

Fig. 43. Eigenartige Kegelbildungen im Dünengebiete der Halbinsel Darß.
(Aus W. Deecke: Einige Beobachtungen am Strandsande.)

den Sandsteinen früherer Perioden antrifft. Solange sie feucht waren, konnte man sie fassen und emporheben.

Erreichte die Feuchtigkeit unter dem weißen Sande noch eine zweite oder gar eine dritte Sandlage, so konnte sie sich in dieser wieder horizontal verbreiten. Deshalb haben manche Kegel Kragen, die sich gleichmäßig durch eine ganze Gruppe hindurch= ziehen. Wurde die dritte bzw. vierte Lage bloßgelegt, so zeigte sie die gleiche konzentrisch=schalige Durchfeuchtung. In diesen tieferen Schichten bildete wohl auch eine Muschel oder das Bruchstück einer solchen den Ausgangspunkt derartiger Bildungen. Sie erinnern dann an die Konkretionen, die man aus dem Sandstein und zahlreichen anderen Bildungen kennt. Zweifellos entstanden sie durch das Einsickern von Feuchtigkeit in den trockenen Sand, sind also Strandbildungen. (Fig. 43.)

Der Sand hat zuerst freilich keine konzentrisch=schalige An=

ordnung, durch die Feuchtigkeit klebt er zu kleinen Kugeln zu=
sammen, die dann zu erbsen= bis walnußgroßen Knollen an=
wachsen können. Nach kurzem Regen bilden sich solche ebenfalls
in den Tälern der Kräuselmarken, später werden sie freigeblasen.
Der Regen treibt den feinen Schlamm, besonders die Kohlen=
flitter, in die Öffnungen zwischen den Sandkörnern; ähnlich
wie an der Oberfläche einer Seifenblase entsteht dann durch
die Kapillarspannung des Wassers die konzentrisch=schalige An=
ordnung. Mit der Ausbreitung des Wassers wächst die Kugel
bis zu einer bestimmten Größe, etwa von 7 cm Durchmesser, dann
überwiegt schließlich die Schwere die Kapillarspannung, und
die Kugel geht in die Form einer Tüte oder eines Kegels über.

Das Wasser hält sich lange Zeit in dem feinen Sande und
löst mit der Kohlensäure, die von den Moorteilchen geliefert
wurde, die Kalk= und Muschelteilchen. Die Schalen der Mies=
muscheln werden bei dieser Einwirkung vollkommen brüchig,
angefressen oder sogar aufgelöst. Von manchen ist deshalb nur
noch die hornartige Oberhaut erhalten. Der dabei in Lösung
übergeführte Kalk verkittet nebst dem freien Ton oder Lehm die
Sandkörnchen. In den tieferen Partien verläuft die Verdunstung
bei fortgesetzter Zufuhr von oben langsamer; besonders dann
entstehen die festen Knollen, wenn eine Muschel selbst noch
Material liefert oder gar ein verwesender Körper reichlichere
Mengen von Kohlensäure entwickelt.

Für Kalziumkarbonat kann auch Eisenkarbonat eintreten,
wobei dann ein typischer Toneisenstein (Sphärosiderit) ent=
steht, wie man ihn in den Lias=Sanden von Bornholm antrifft.
Auch die Entstehung der sog. kristallisierten Sandsteine
mit mehr oder weniger kristallisiertem Kerne wird in ent=
sprechender Weise zwanglos erklärt. Hier reichern kugelförmige
Sandkonkretionen die Lösungen in ihrem Innern an; hier
bleiben sie deshalb auch am längsten feucht und bieten deshalb
gute Gelegenheit, Kristalle zu bilden.

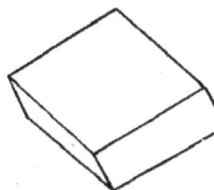

Diese Kugelsandsteine werden am besten als unvollkommen kristallisierte, sandreiche Kalkspate angesehen. Nur selten stellen sie einzelne Kugeln, meist Gruppen aus solchen von vorzugsweise hellgrauer oder gelblichgrauer Farbe dar. Kommen sie allein oder nur zu zwei bis drei vor, so besitzen sie meist eine nicht unbedeutende Größe (7 bis 8 mm Durchmesser), in größerer Menge vereint, sind sie dagegen meist nur klein (etwa 1 bis 2 mm Durchmesser). Das Bindemittel ist stets kristallinisch, oberflächlich meist mehr zurücktretend; jede Spaltungsfläche ist nahezu vollkommen eben und gleichmäßig spiegelnd, von zahlreichen, eingeschlossenen Sandkörnchen durchbrochen. Der durch Spaltung erhaltene Körper läßt sich nach allen Flächen auf den Spaltungskörper des Kalkspats, das sog. Grundrhomboeder, zurückführen. (Fig. 44.)

In den feuchten Sanden der Vordüne der Halbinsel Darß

Fig. 44.
Kugelsandstein.   Spaltungskörper des Kalkspates.

finden sich etwa 12 cm lange Hohlräume vom Flohkrebs (Gammarus), in denen unten das kleine Geschöpf sitzt. Mit wenigen, kräftigen Schwanzbewegungen vermag es, sich in Strandpfützen einzugraben. Mit dem Abtrocknen des Sandes wandert der Flohkrebs mehr in die Tiefe, während oben das Loch von dem Sande der Umgebung verschüttet wird. Derartig gefüllte Löcher ließen sich auf kleiner Fläche zu Dutzenden beobachten. Gerade solche Röhren werden mit Ton, Lehm oder Kalkanflug an ihren Wänden ausgekleidet und dann dauernd erhalten; da eine schwache Schleimschicht die einzelnen Körner verbindet, bieten sie für die Sickerwasser natürliche Pforten in die Tiefe. In früheren Schichten lassen sich ähnliche Bildungen nachweisen; die Reste des Krebschens sind freilich verschwunden, während der Wohnraum erhalten blieb.

Wir sehen hieraus, wie man an der Hand einfacher, kleiner Beobachtungen Aufschluß erhalten kann über Bildungen, die sich im Laufe von Jahrtausenden immer aufs neue wieder abspielten und bis in die entlegensten Zeiten zurückführen. Derartige, teilweise — wie es scheinen mag — recht wenig interessante und kaum bedeutungsvolle Aufzeichnungen, wie z. B. über den Verlauf von Wind und Wellen an unseren Küsten, haben schließlich zur Gründung der „Deutschen Seewarte" geführt; sie leitet aus derartigen Notizen wertvolle Gesetze und Ergebnisse her, die unserer Seeschiffahrt zu großem Vorteil gereichen. Über ihre hohe Bedeutung soll zum Schluß des Büchleins noch das Wissenswerteste gesagt werden.

Fig. 45. Toneisenstein; Schale und Kern. Gdingen a. d. Ostsee. (Oberl. Baenge-Zoppot phot.)

Außer den vielen Geröllen und Blöcken am Gestade sind es noch vier Mineralien, die einer eingehenderen Besprechung bedürfen: Toneisenstein, der bereits erwähnte Phosphorit, Feuerstein und Bernstein. —

Der Toneisenstein stellt flache Gebilde aus Brauneisenstein dar, die im Innern einer meist braunen, matt glänzenden Schale einen sehr weichen, tonigen, gelben bis grauen Kern enthalten. Bei ihrer weiten Verbreitung und ihrer auffallenden Form führen sie eine große Zahl, teilweise recht bezeichnender Namen: Adlersteine, Adlereier, Teufelsklappern, Eisenkonkretionen, Eisen= und Sphärosideritnieren, Brauneisenstein= und Toneisensteingeoden. Die Schale liegt dem Kerne nicht immer fest an, oft ist er kleiner als der Hohlraum oder von staubiger Beschaffenheit. Je mehr er verschwunden ist, desto loser sitzt die Hülle um ihn, so daß auch die Bezeichnung Klapperstein gerechtfertigt ist. Er gab auch den Anstoß zur Bildung dieser eigentümlichen Stücke, die in

ziemlich verwickelter Weise vor sich ging; auch organische Sub=
stanzen können gelegentlich den Kern bilden, wenn sie zur
Schalenbildung Veranlassung gaben. Jedenfalls sind die Braun=
eisensteingeoden des norddeutschen Diluviums nicht alle gemein=
samen Ursprungs. Viele entstammen dem Tertiär, andere dem
Jura. Bei anderen kann man auch vermuten, daß sie der Kreide
oder älteren Schichten als dem Jura entstammen. (Fig. 45.)

Die Phosphoritknollen am Strande stammen meist aus
zerstörten Tertiärschichten. Bei unregelmäßig gerundeter Form
weisen sie viele mehr oder minder tiefe, ebenfalls unregelmäßig
gestaltete Eindrücke auf und haben eine glatte, fettglänzende,
tiefschwarz oder schwarzgrün gefärbte Oberfläche. Selten, wahr=
scheinlich durch Verwitterung, ist diese matt
und grau. In der Grundmasse sind gerun=
dete, glatte, wasserhelle bis graue Quarz=
körner eingebacken; ihre Größe schwankt zwi=
schen der einer Haselnuß und einer Faust.
Sie enthalten bis 25% Phosphorsäure
und wirken dort, wo sie zerrieben in den
Geschiebemergel gelangen, befördernd auf den
Pflanzenwuchs. In höheren Schichten suchen
die Gewächse den Gehalt an Phosphorsäure

Fig. 46. Phosphoritknolle
vom Strande bei Gdingen
an der Ostsee. (Oberl.
Baenge-Zoppot phot.)

sich nutzbar zu machen und lösen sie neben anderen Bestandteilen
mittels ihrer Wurzelhaare heraus. Auf solche Weise entstehen
oft sehr schöne Wurzelerosionen. (Fig. 20 und 46.)

Die Hauptlagerstätte für Feuerstein ist die Kreide. Be=
sonders für ihre oberste Etage, den Senon, ist der Reichtum
an solchen Bildungen eigentümlich; vorzugsweise findet man
dort Knollen, zu Bändern angeordnet, oder Platten vor. In
Form loser Geschiebe trifft man den Feuerstein überall im
Diluvium des norddeutschen Flachlandes an, er entstammt zum
Teil zerstörten Kreidelagern an der Ostsee. Auf Bruchflächen
haben die Stücke eine graue, bis grauschwarze Färbung, die von

organischer Substanz herrührt, doch auch eine hellgraue, seltener eine rötliche oder gelbliche. Die Kieselsäure, die etwa 98 % des Feuersteins ausmacht, stammt von Kieselschwämmen her, die auf dem Boden des Kreidemeeres ausgedehnte Rasen gebildet haben müssen. Bei ihrer Verwesung lösten die entstehenden Gase zum größten Teil die Nadeln der Tiere. Zahlreiche Feuersteine weisen noch deutlich deren Form, selbst das Gewebe und Kanalsystem auf. Nach dem Absterben der Schwammrasen wanderte die Kieselsäure und setzte sich dann besonders gern in und um die Gehäuse von Muscheln und Seeigeln ab, wobei sie teilweise den früher von den Tieren eingenommenen Hohlraum erfüllte. So gibt der Steinkern der Austern aus Flintmasse (Feuerstein) Gestalt und Größe des Tieres oft recht gut wieder. — Auch aus Feuerstein haben sich sog. Klappersteine gebildet, wobei der lose Kern in ihnen einen ehemaligen, kugelförmigen Schwamm darstellt, der zuerst von Kreide und Flint umgeben war. Später fiel die eingeschlossene Kreide durch Öffnungen der Hülle heraus, und der Kern wurde locker.

Bernstein.

Zu der Zeit, die der Geologe als Tertiär bezeichnet, zeigte die Erdoberfläche ein Aussehen, das von dem jetzigen durchaus verschieden war. Besonders mit seinem Beginn hatten Festland und Meer vielfach ihre Lage vertauscht, Europa und China hingen mit Nordamerika zusammen, und noch keines der Hochgebirge war vorhanden. Auf dem Festlande, das damals südlich von Skandinavien, etwa bis 55° nördl. Breite, d. h. auch über das Gebiet der heutigen Ostsee, sich erstreckte, gedieh damals ein üppiger Urwald. Die Pflanzen, die in ihm wuchsen, haben große Ähnlichkeit mit solchen, wie sie heute in dem südlichen Teile der gemäßigten Zone und dem angrenzenden tropischen Gebiete zu finden sind. In ihm gediehen immergrüne Eichen zusammen mit Buchen, ferner lorbeer=, palmenartige und andere Gewächse. Hier ist der Ort des ehemaligen Bernsteinwaldes zu suchen.

Vorzugsweise vier Kieferarten enthielt er, die unserer nor=dischen freilich wenig gleichen, und ferner eine Fichtenart. Diese Bernsteinbäume standen zusammen, ohne eine pflegende Hand zu kennen, allein unter dem Einfluß der ganzen, sie umgeben=den Natur. Daher war unter ihnen kaum einer gesund. Wind und Wetter, Pilze und Insekten wirkten dauernd schädigend auf sie ein, erregten Harzfluß und andere Krankheitserscheinungen. Auch die dichte Stellung machte sich bemerkbar. Wenn durch sie die Beleuchtung und damit die Ernährung erschwert wurde, warfen die Bäume ihre unteren Äste ab. Dabei entstand jedesmal eine offene Wunde. Diese konnte freilich vernarben, aber auf die Gesundheit des Baumes blieb sie nicht ohne Bedeutung. Ab=gestorbene alte Bäume senkten sich langsam über, knickten dabei Zweige ab und brachen schließlich alles, was ihnen im Wege stand, zerschmetternd um. Dabei rissen sie hier die Borke weg, dort verletzten sie sogar den darunter liegenden Holzkörper.

Noch schlimmer wüteten Stürme und Orkane. Die Kronen drehten sie gewandt von den Baumstämmen, brachen auch die stärksten von ihnen ab oder entwurzelten sie sogar vollständig und warfen die dabei entstandenen Trümmer wirr durcheinander. Auch die Gewitter hausten hier stark verheerend. Die Blitze suchten ihren Weg zu den Wipfeln der Bäume, sprengten die Rinde und verletzten das Holz unter ihr. Trafen sie dabei auf einen pilzkranken Baum, so entflammten sie ihn zu einer Fackel. Die benachbarten Stämme wurden dann auch von der Flamme verzehrt, ebenso das lose Material auf dem Wald=boden.

Während langer Zeit lieferten diese ausgedehnten Waldungen die gewaltigen Harzmengen, die uns bis auf den heutigen Tag erhalten sind. Man muß annehmen, daß in ihnen eine eigene

Krankheit herrschte, die den gewaltigen Harzfluß veranlaßte, die Succinose. Ein stetes Emporwachsen neuer Generationen, die diesem Verderben dann ebenfalls zum Opfer fielen, vermehrte dauernd die Schätze an dem heutigen Bernstein. Schließlich begann der Waldboden sich zu senken, das Meer brauste darüber hin, und die Trümmer und Reste des ehemaligen Landes setzten sich zu einer neuen Schicht ab, die man heute als „Blaue Erde" bezeichnet. Sie stellt das eigentliche Muttergestein des Bernsteins dar.

Als dann zur Gletscherzeit die gewaltigen Eismassen heranzogen und die bereits abgelagerten Schichten mit sich fortrissen, gelangte der Bernstein in die Grundmoräne und in dieser als Findling über das ganze norddeutsche Flachland. Und als dann die Gletscher wieder zurückwichen, das Ostseebecken entstanden war und die Gewässer alles, was ihnen nicht widerstehen konnte, annagten, gelangte der Bernstein aus seinen Ablagerungsstätten teilweise wieder in die Ostsee.

Die älteste Art seiner Gewinnung ist das Schöpfen aus der See. Kräftige Stürme, besonders zur Herbstzeit, reißen große Mengen von Tang in der Tiefe der See los. Diese steigen dann empor, umhüllen den am Boden ruhenden, leichten Bernstein und bringen ihn mit sich in die Höhe. In diesen wiesenartig auftretenden Pflanzenmassen ist also das wertvolle fossile Harz zu suchen. Da es sich aber leicht aus den Umschlingungen der Seepflanzen löst und auf den Meeresboden zurückgleitet, gilt es, ihn in Eile zu bergen. Mit Handnetzen werden die Tangmassen erbeutet und ans Ufer gebracht, wo Frauen und Kinder sie sorgfältig durchsuchen. In Lederkürassen dringen die Männer dagegen weit in die Brandung vor, wobei sie jeder größeren Welle springend die kostbaren Pflanzenreste abzunehmen trachten. Trotz der schnellsten Arbeit entschlüpft ein Teil der größeren Bernsteinstücke den haltenden Tangpflanzen, um wieder in die Tiefe zu fallen. Dort ruht er,

beſonders bei ſteinigem Grunde, längere Zeit, ohne vom Sande
verſchüttet zu werden. Bei ruhigem Waſſer und ſonnigem
Wetter, wenn die Fluten klar wie ein Kriſtall ſind und ein
deutliches Blicken in die Tiefe geſtatten, fahren die Strand=
bewohner mit Booten hinaus, wenden mit langen Stangen
größere Steine zur Seite und fangen mit langgeſtielten kleinen
Netzen, ſog. Ketſchern, das Edelharz ein.

Die Erkenntnis, daß gerade die größeren Stücke ſchwerer
von den Wellen bewegt werden als die leichteren, veranlaßte
ein Abſuchen des Meeresbodens durch Taucher. Die Methode
wurde mehr und mehr ausgebildet und gelangte auf eine be=
deutende Höhe. Nach 15 Jahren emſigen Betriebes in dieſer
Art war der Grund ſo weit abgeſucht, daß man ſeit 1883 vor=
läufig von einer zweckmäßigen Weiterführung abſehen mußte.

Auch einer anderen Art der Bernſteingewinnung iſt noch zu
gedenken! — Als die Kuriſche Nehrung noch in der Bildung
begriffen war und eine Reihe inſelartige Sandbänke in ihrem
heutigen Verlaufe das Haffbecken gegen die See abzugrenzen
begann, bildeten ſich unter deren Schutz Bernſteinlager von
großer Ausdehnung. Bei Stürmen waren ſie mit Tangmaſſen
in das heutige Haff eingeführt worden und ſetzten ſich hier an
den weniger bewegten Teilen ab. Vor etwa 47 Jahren begann
man dieſes Edelharz mittels Bagger zu gewinnen, hob den
Haffgrund bis zu 10 m Tiefe aus und bewerkſtelligte durch
Siebe eine Trennung von dem mitgeförderten Sande. Dieſe
Gewinnungsmethode ruht heute auch, da die am Boden der
See ſchlummernden Schätze faſt ſämtlich gehoben waren. — Heute
iſt im großen nur noch der Bergbau von Bedeutung, alle
anderen Arten der Erbeutung ſind zurückgetreten. Sie haben
nur noch geſchichtliche Bedeutung, zeigen aber, welchen Wert
man dem Bernſtein beimaß, und wie ſehr man beſtrebt war,
ſich in ſeinen Beſitz zu ſetzen.

Da der Bernſteinwald fortdauernd der Zerſtörung verfallen

war, fand alſo eine ungewöhnlich reiche Harzbildung ſtatt. Die Harzmaſſen, die aus den Wunden und Öffnungen hervorquollen, waren noch mit Zellſaft gemiſcht und deshalb trübe. Sie floſſen bei ihrer zähen Beſchaffenheit nur ſchwer und bildeten Tränen, Zapfen und ähnliche Gebilde. Teilweiſe erſtarrten und er= härteten ſie in dieſem Zuſtande, meiſt wurden ſie aber unter dem Einfluß der Sonnenwärme wieder flüſſig, ſogar dünnflüſſig, und dabei klar. Aus den Bernſteinſtücken kann man Belege für dieſen Gang der Umwandlung in reicher Menge herausſuchen; an einigen läßt ſich dieſer Vorgang der Läuterung noch in ſeinem Verlaufe vollſtändig ſtudieren. In der lichten Harzmaſſe liegen hier noch

Fig. 48. Bern=
ſteinzapfen.
(Oberl. Baenge=
Zoppot phot.)

Fig. 47. Bernſtein=
tropfen, ſog. Bern=
ſteinträne. (Nach
A. Jentzſch.)

Fig. 49.
Das Harz des Bernſteins im Klärungs=
prozeß.
(Oberl. Baenge=Zoppot phot.)

wolkige, getrübte Gebilde, bis zu denen die Sonnenwärme noch nicht wirkſam war. (Fig. 47, 48 und 49.)

Wurde das noch nicht geklärte Harz zu Bernſtein, ſo ent= ſtand durch die vielen eingeſchloſſenen Bläschen der weißgefärbte ſog. „Knochen“. Trat dagegen ein Schmelzen ein, ſo ver= einigten ſich die kleinen Bläschen zu größeren und ſtiegen an die Oberfläche. Dieſer Ausbildungsart entſpricht der ſog. „Baſtard“, während bei einer noch weiter vorgeſchrittenen Klärung eine perlfarbige Ausbildung, der ſog. „flomige“ Bernſtein, entſtand. Dieſe Bezeichnung iſt auf das Wort „Flom“ zurückzuführen, mit dem man in Preußen das rohe Fett von Tieren bezeichnet. „Baſtard“ beſitzt eine ſatte, trübe Färbung. „Flohmig“ weiſt dagegen ſchwach wolkige Trübungen auf. End=

lich verlief die Klärung zu Ende, und es entstand der klare
Stein oder „Klar".

Diese flüssige, durchsichtige Harzmasse umfloß Stamm und
Äste, funkelte im Sonnenschein und lockte wie eine Lampe in
der Sommernacht allerlei Insekten herbei. Sobald diese sich
auf das kleberige Naß niederließen, blieben sie hängen, versanken
und wurden von weiteren Harzflüssen vollkommen umschlossen.
Hier wurden auch andere Reste, wie Blüten-
stände, Blätter, Blütenstaub und Blatthaare,
angeweht und uns erhalten. Traten die Harzflüsse wiederholt ein, so bildeten sich sog.
„Schlauben", mehrfach geschichtetes Harz-
material, das uns besonders reich derartige
Erinnerungszeichen aus dem Bernsteinwalde
aufbewahrte. Tropfte das Harz in seiner
leichtflüssigen Form von Zweig zu Zweig, so
entstanden zapfenartige Gebilde, entsprechend unseren Eiszapfen. Weitere Harzflüsse
sorgten auch hier dafür, daß kleine Tiere und
Pflanzenreste hängen blieben und umflossen
wurden. Da dieses Einschließen schnell er-
folgte, konnten die Formen einer längst verflossenen Tier- und Pflanzenwelt in einer sonst
unerreichten Weise erhalten werden. (Fig. 50.)

Fig. 50. Bernstein-
schlaube. (Oberl.
Baenge-Zoppot phot.)

Aus den Resten von Bernstein und dem
von ihm umflossenen Holze seiner Bäume kann man Schlüsse ziehen
auf die Vorgänge im damaligen Waldreviere. Dort lebte eine
reiche Tierwelt, die das Holz der lebenden und ebenso das der
abgestorbenen Bäume angriff. Hatte der Wind große Mengen
von Holz gebrochen, so stellte sich alsbald der Borkenkäfer ein.
Dieser vermehrte sich zu gewaltigen Mengen und machte sich zusammen mit den Pilzen über die am Boden lagernden Pflanzenreste her, wobei auch der eine oder andere weniger be-

schädigte Baum der Umgebung zum Opfer fiel. War auf diese Weise das angehäufte tote Material fortgeschafft, so vermochte auf den so entstandenen Lücken neu angeflogener Samen zur Entwicklung zu kommen und sie beim Aufwachsen wieder zu füllen.

Den äußeren bösen Einflüssen versuchte der Baum sich dadurch zu entziehen, daß er sorgfältig jede Wunde mit Harz verschloß. Dieses konnte er um so mehr, als er es in allen Teilen, besonders in Rinde und Holz, reichlich führte. Häufige Verletzungen wirkten noch dazu mit, die Neuanlage von Harzbehältern zu begünstigen. Wurden diese geöffnet, so trat sein Inhalt, falls er noch flüssig war, an die Oberfläche. Im anderen Falle erstarrte er im Inneren und kam dann erst beim Zerfall der Stämme in Form von „Platten und Fliesen" zum Vorschein. Die Bezeichnung dieser Stücke ergab sich aus ihrer Form. Ein gewaltiger Harzfluß, der gelegentlich den Tod junger Bäume herbeiführen konnte, wurde auch durch die zahlreichen Insekten hervorgerufen, die den Wald bevölkerten.

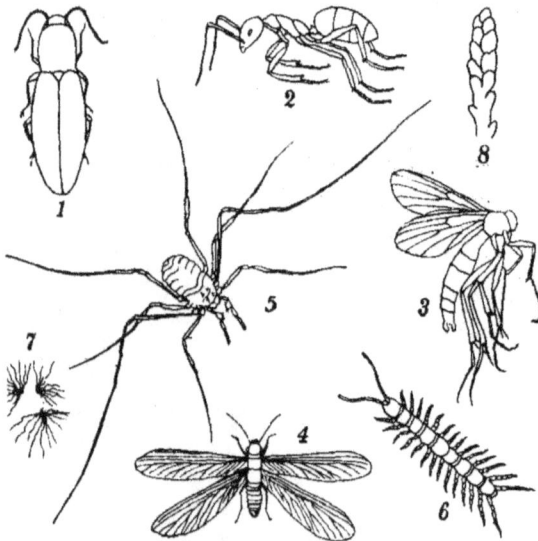

Fig. 51. Bernsteineinschlüsse, sämtlich vergrößert. (Nach A. Jentsch.)
1. Schnellkäfer (Elater), 2. Ameise (Hypoclinea Geinitzii), 3. Pilzmücke (Mycetophila spinosa Löw. nov. sp.), 4. Termit (Termes gracilis), 5. Spinne (Opilio ovalis), 6. Tausendfuß (Lithobius planatus), 7. Sternhaare der Eiche (Quercus), 8. Lebermoos (Jungermannia).

Die im Edelharz erhaltenen Einschlüsse zeigen uns in unübertroffener Klarheit und Schärfe die geringsten Kleinigkeiten.

Hier finden wir alle Insektenklassen vertreten und ferner Spinnen, Tausendfüßler, Krebstiere und Würmchen. Das eichhornartige Tier, das in den Kronen der Bäume von Zweig zu Zweig hüpfte, mußte einige Härchen zurücklassen, der Vogel, der sich in den Zweigen niederließ, eine Feder; kleine Schnecken suchten vor den Sonnenstrahlen unter der Rinde Schutz und wurden ebenfalls vom Harz umfangen. Einschlüsse von ganzen Wirbeltieren sind sehr selten; man besitzt einige Stücke mit Eidechsen, die natürlich einen ungewöhnlich hohen Wert haben. (Fig. 51.)

Lebende Genossen der eingeschlossenen Arten gibt es nicht, wohl aber in den meisten Fällen noch lebende Verwandte derselben Gattung. Alles scheint darauf hinzuweisen, daß eine innige Beziehung zwischen der inzwischen untergegangenen Fauna und Flora und der heute in Nordamerika und Japan noch gedeihenden besteht.

Für eine gute Erhaltung im Bernstein sind gewisse Maße und Grenzen gegeben, so werden z. B. Tiere von 10 bis 15 cm Länge nur selten, solche von 20 bis 25 cm kaum mehr wahrgenommen. Sie befinden sich dann — wohl nach eingetretenen Verwesungsvorgängen — in einem solchen Zustande, daß sie kaum zu erkennen sind. Es scheint wunderbar, daß große Einschlüsse so selten, große Bernsteinstücke dagegen ziemlich häufig sind. Es ist in diesem Falle aber daran zu denken, daß größere Tiere bereits eine erhebliche Kraft entfalten können und der Erhaltungstrieb diese noch erheblich zu steigern vermag. Wurden sie dagegen außerhalb des Harzes vom Tode ereilt, so konnten sie von Harzmassen umhüllt werden. In der Not geben gefangene Tiere Körperteile preis, um ihr Leben in Sicherheit zu bringen, wie zurückgelassene Füße von Heuschrecken beweisen. Auch daraus geht hervor, daß die Stärke der Tiere ein Hindernis bei ihrem Einschluß bildete, es sind wehrlosere Spinnen, Schaben und Termiten von beträchtlicherer Größe viel häufiger anzutreffen wie die kräftigeren Käfer.

Die Eigenart des Bernsteins, leichte Körperchen nach dem Reiben anzuziehen, gab zu dem Glauben Veranlassung, er könne auch Krankheits= und Verwesungsstoffe anlocken und festhalten. Durch die schön erhaltenen Formen war ja seine Wirksamkeit schein= bar erbracht, bestärkt wurde diese Ansicht noch durch einschlägige Schriften der Alten, daß Ägypter und Äthiopier sich seiner zum Konservieren ihrer Toten bedient hätten. Daß der Stein des= halb auch befähigt war, Ansteckungsstoffe, die Wirkungen des sog. „bösen Blicks" und der bös gemeinten Besprechung an= zuziehen, dauernd festzuhalten und nicht wieder freizugeben, ist aber in den Volksglauben übergegangen. Daraus erklärt es sich, daß man Ketten aus abgerundeten oder fazettierten Bernstein= stücken, sog. „Korallen" und „Perlen", als äußerst „gesund", gern von Ammen und Kindern tragen läßt.

Öffnen wir aber ein Stück, in dem Tier= oder Pflanzen= reste erhalten zu sein scheinen, so finden wir zu unserem Er= staunen im Bernstein nur einen Hohlraum. Wie man leicht nachweisen kann, hat der Bernstein nämlich äußerst feine Poren, durch welche die Luft zum Einschluß gelangen kann. Dieser verging deshalb, wie überall an der Luft, und die Zersetzungs= gase entwichen wieder nach außen; nur widerstandsfähigere Teile, wie Reste vom Chitinpanzer, blieben daher erhalten. — Weil die Luft Bernsteinstücke oberflächlich bräunt und brüchig macht, bewahrt man wertvollere Sammlungsstücke in einer eigenartigen Harzumfüllung oder unter Wasser, das einige Tropfen Wein= geist enthält, auf. Bei längerem Ruhen in dieser Flüssigkeit füllen sich die kleinen Hohlräume mit ihr, und beim Wenden und Kippen der Stücke steigt dann die noch vorhandene Luft als Blase immer zur höchst gelegenen Stelle des Hohlraums empor. Wird das Stück längere Zeit außerhalb der Flüssig= keit bewahrt, so verschwindet diese auch wieder aus dem Bernstein.

Ein ähnliches Schwinden eingebetteter Körper finden wir auch an anderer Stelle. Durch gewaltige Aschenmassen, die

mit Regen herunterfielen, gingen im Jahre 79 n. Chr. die
Städte Herkulanum, Pompeji und Stabiä in der Nähe des
Vesuvs zugrunde. Die schlammigen Massen bedeckten das
Land und umzogen alles mit einer gleichmäßig ausgebildeten
Decke. Spätere Ausgrabungen förderten wertvolle Schätze für
die Altertumskunde, Häuser mit ihren Einrichtungen, Tempel=
reste und Gemälde, zutage; die Leiber der verunglückten
Menschen aber fand man nicht mehr. In der porösen Gesteins=
masse fielen sie der Zersetzung und dem Zerfall ebenso anheim
wie die Reste aus dem Bernsteinwalde. Nur die widerstands=
fähigeren Teile, z. B. Knochen und Metallgegenstände ihrer
Gewandung, blieben erhalten. Fiorelli, der im Jahre 1863
die Ausgrabungen leitete, ließ die Knochen entfernen und die
Hohlräume mit Gips ausgießen. Diese Methode ergab eine
Reihe eigenartiger Modelle, die in größerer Menge dem kleinen
Museum in Pompeji zugeführt wurden und infolge der flüssigen
Beschaffenheit des Lavaschlammes ähnliche Feinheiten aufweisen,
wie die uns erhaltenen Formen der Bernsteineinschlüsse.

Kommen diese bis zu einer gewissen Größe noch häufiger
vor, so hat man es in jedem anderen Falle mit großen Selten=
heiten oder mit Nachahmungen zu tun. Fröschchen und kleine
Fische werden in den meisten Fällen künstlich in den Bernstein
hineingebracht, indem man zwei geeignete Stücke aufeinander=
paßt, die Innenfläche des einen etwas aushöhlt, das Tierchen
hineinlegt und mit Harz den übrigbleibenden Raum ausfüllt.
Da wir es hierbei mit Geschöpfen zu tun haben, die nach
ihrer Lebensweise im Bernstein nicht vorkommen können, so
gibt schon die bloße Überlegung die nötige Warnung. In
anderen Fällen löst sich der künstlich durch Chemikalien hervor=
gebrachte Verband der Stücke beim Einwerfen in siedendes
Wasser; dies unterbleibt, wenn ein metallener Reif das Ganze
umschließt, dann hat man unter ihm die verkitteten Ränder
der beiden Teile zu suchen.

Durch Zusammenpressen kleinerer Stücke hat man künstlich größere herzustellen gewußt, das so erhaltene Material bezeichnet man als „Ambroid". Ebenso ist es gelungen, getrübte Bernsteinstücke durch Kochen in Öl zu klären oder, wie der technische Ausdruck lautet, zu „klarieren". Als Täuschung ist es aber zu bezeichnen, wenn man das Edelharz ohne weitere Angabe durch minderwertiges Material wie Kopal, Zelluloid oder gar Glas usw. ersetzt. — Den natürlichen Stein kann man freilich durch geeignete Methoden leicht vom künstlichen Material und von untergeschobenen Stücken unterscheiden.

Die eigentümliche Anziehungskraft des Bernsteins war bereits den Alten bekannt, die ihn wohl auch aus diesem Grunde bei den Konservierungsmethoden ihrer Verstorbenen verwendeten. Aus gleichem Grunde schätzte die Medizin der Vorzeit ihn hoch, die ihn selbst und die aus ihm verfertigten Arzneistoffe als besonders wirksam benutzte. Die schöne, goldgelbe Farbe machte ihn ferner dem Luxus und dessen schwankendem Geschmack untertänig. Wenn daher bereits seit dem Altertum dauernd das Bestreben der Menschen sich darauf hin richtete, ihn zu erbeuten, kann es nicht wundernehmen. In seiner Geschichte spiegelt sich aber auch aus diesem Grunde teilweise die Kulturgeschichte der Menschheit wieder, darum muß sie hier wenigstens in großen Zügen gegeben werden, soweit sie den deutschen Strand betrifft. — Die Phönizier haben nicht die preußische Küste zuerst aufgesucht, um Bernstein von dort zu holen. Bis zum Ausgang des ersten Jahrhunderts der römischen Kaiserherrschaft war die friesische Küste der Nordsee das Bernsteinland, und erst von diesem Zeitpunkte ab trat die preußische Küste an ihre Stelle. In späterer Zeit suchte die jedesmalige Landesherrschaft den Strand mit seinen Schätzen vorsorglich in ihren Besitz zu bringen. Der preußische Orden ließ nach den Untersuchungen von H. L. Elditt jeden Strandbesucher mit schroffer Strenge an den nächsten Baum aufknüpfen. Ferner drang er darauf, daß sich keine Bernsteinarbeiter in Preußen ansässig machten; auf diese Weise wollte er verhindern, daß für gefundenen und unterschlagenen Stein sich in der Nähe Gelegenheit zum Absatz böte. So geriet er auch mit Danzig in Streit, weil diese Stadt ein neues Gewerbe der Bernsteindreher gestiftet hatte. Friedrich Wilhelm, der spätere König Friedrich I., bestrafte das bloße Spazierengehen am Strande mit einer Strafe von 18 Gulden, wer aber über 4 Pfund aufgelesen hatte, wurde gehängt. Die Strafen jener Zeit, die sich allein auf Bernstein bezogen, müssen durchaus als vielseitig bezeichnet werden. Als König setzte Friedrich I. auf Diebstahl von $1/4$ Tonne und darüber für Leute „gemeinen Standes" den Strang fest. Die Furcht, daß der hohe Wert des Bernsteins jeden blenden könne, gab sogar Veranlassung dazu, daß die Pastoren der dortigen Gemeinden den sog. Strandeid leisten mußten. Nach 1807 wollte man den Bernsteinfang den Besitzern am Strande selbst, und zwar auf eine Zeitpacht von 18 Jahren überlassen. Dazu kam es jedoch nicht, da sich Kaufleute unter den günstigsten Bedingungen als Pächter anboten; diese stellten, wie man heute weiß, ihre Gebote aber im Interesse hochstehender Persönlichkeiten. Der Kontrakt wurde auf 12 Jahre, bis 1823, abgeschlossen. Von nun an wurde jeder Diebstahl, d. h. jedes Aufsammeln von Bernstein am Strande, nach dem Landrechte bestraft, die zum „Schöpfen" gedungenen Strandbewohner wurden besoldet und alle bisherigen Zwangsverpflichtungen aufgehoben.

Meteorologisches und Physikalisches.

Außer den geologischen Verhältnissen bietet uns der Strand noch viele andere, die unsere Wißbegier reizen. Über der weiten See wölbt sich der Regenbogen in eigenartiger Form, seltsame Spiegelungen erregen unser Staunen, und auch der Schall scheint hier anderen Gesetzen zu gehorchen wie auf dem festen

Land, fern vom Gestade. Derartige Erscheinungen haben viel=
fach zu eigentümlichen Auffassungen und zu Spukgeschichten
Veranlassung gegeben, es verlohnt sich deshalb, auch sie kennen
zu lernen und darauf zu achten, ob man sie selbst auch bei
passender Gelegenheit wahrzunehmen vermag.

Wenn dann aber die Sonne sich hinter Wolken versteckt
und der Regen niederfällt und Tag für Tag den Gang ins
Freie verhindert oder doch stark beschränkt, so beginnen wir bei
einigem Humor auch ihm Interesse abzugewinnen.

In diesem Kapitel soll eine Reihe physikalischer Erscheinungen
besprochen werden, die uns nur der Strand zeigt, und ferner soll
kurz auf Wind und Wetter an unseren Küsten hingewiesen werden.

Die Gewitterverhältnisse an den deutschen Küsten sind
neuerdings (1907) Gegenstand der Untersuchung geworden. Dazu
lag ein Beobachtungsmaterial vor, das 10 Jahre umfaßte und
einer Reihe meteorologischer Küsten= und Inselstationen ent=
stammte. Die Beschränkung auf diese Zeitspanne beeinträchtigt
die Allgemeinheit der Ergebnisse für den größten Teil des
Jahres nicht wesentlich. Sie genügt zu erkennen, wie verschieden
die Gewitterverhältnisse an den verschiedenen Küstenstrichen sind,
auch die Unterschiede in bezug auf Zeit und Raum werden
durch sie bereits genügend beleuchtet.

Da die Wintergewitter nur in geringer Zahl auftreten,
wurden die Angaben über sie für die Monate Dezember, Januar
und Februar zusammengefaßt. Verfuhr man so, dann hatte
der Westen und Nordwesten des Gebietes die größten Zahlen
aufzuweisen, im Gegensatz zu dem Osten. Namentlich zu beiden
Seiten der Weichsel sind dann die gewitterärmsten Striche. Faßt
man dagegen die beiden Monate März und April zusammen,
so hat das Bild ein wesentlich anderes Aussehen. Die Werte
für die Gewitterzahl sind erheblich gewachsen, außerdem hat
nun aber der äußerste Nordwesten und gleichzeitig der äußerste
Nordosten an der Küste die kleinsten Summen aufzuweisen.

Gleichzeitig läßt sich ersehen, wie die Tätigkeit der Gewitter vom Lande zur Küste hin im großen und ganzen abnimmt. Hinsichtlich der örtlichen Verteilung schließen sich Mai und Juni mit ihren Gewittern den beiden vorigen Monaten im allgemeinen an. Dann aber wird mit dem Heranrücken des Sommers die Häufigkeit der Gewittertage immer unregelmäßiger. Damit zeigen die Linien gleicher Häufigkeit, die meist noch in nordöstlicher Richtung verlaufen, immer stärkere Ausbuchtungen.

Die Verteilung für die drei Monate September, Oktober und November ist von den vorhergehenden recht verschieden. Das Gebiet mit den meisten Gewittern erstreckt sich über einen großen Teil der Westküste Schleswig-Holsteins und der vorgelagerten Inseln. Im Gegensatz dazu weist die deutsche Ostküste nur die Hälfte der Gewittertage auf wie ihr nordöstlichster Teil. Im Westen nehmen die Gewitter nach dem Binnenlande hin zu; daraus ist zu schließen, daß sich dort auch noch um diese Zeit verhältnismäßig viel Gewitter bilden.

Die mittlere Gewitterdichte erhält man durch Division der Summe der Gewitter durch die Summe der Gewittertage. Ihr größter Wert liegt für die Ostseeküste besonders in der warmen Jahreszeit, im Nordseegebiet dagegen im Zeitraum zwischen September bis Dezember. Hela und Memel weisen beide einen doppelten größten Wert auf, von denen der zweite auf den September fällt. Diese zeitliche Übereinstimmung erweckt die Vermutung, daß ihre Entstehung auf ähnliche Ursachen zurückzuführen ist.

Die Häufigkeit der Nahgewitter hat fast ohne Ausnahme eine gewisse Regelmäßigkeit, die kaum zufällig sein kann. Für sie hat die Nordsee im Herbst größere Zahlen aufzuweisen als im Frühjahr, die Ostsee dagegen umgekehrt erheblich größere im Frühjahr. Dabei treten die Gewitter an der Ostsee zur Frühlingszeit, an der Nordsee im Herbst verhältnismäßig häufig mit Hagel- und Graupelfällen auf.

Wenn man im deutschen Ostseegebiete von Erdbeben sprechen will, so muß man sie als besondere Abart, als sog. „Sturm= beben", den anderen gegenüberstellen. Wie eine Reihe von Erfah= rungen nahe legt, erschüttern schwere Stürme hervorragende Gegen= stände, die mit dem Erdboden fest verbunden sind, derart, daß erdbebenartige Erscheinungen auftreten. Diese können in ge= wissen, durch ihren Bau geeigneten Gebieten sogar echte Erd= beben veranlassen. Besonders wenn Sturmböen aus der gleichen Richtung in annähernd gleichen Absätzen längere Zeit hindurch einsetzen, treten derartige Erscheinungen auf. Erdstöße, wie sie nicht selten bei Gelegenheit tiefer Depressionen stattfinden, sind immer mit mehr oder weniger schweren Stürmen verknüpft, vorzugsweise mit den stoßweise wiederkehrenden Sturmböen, und daher als Sturmbeben oder als Relaisbeben von solchen aufzufassen. Das ist um so wahrscheinlicher, als Seismographen, d. h. Apparate zum Aufzeichnen von Erdbebenerscheinungen, sogar auf weit entfernte Stürme ansprechen. Ein Unterschied in derartigen Aufzeichnungen kann für Sturm= und die eigent= lichen Erdbeben durchaus nicht nachgewiesen werden.

In Gebieten, die zu Beben neigen, wird der Sturm in ver= schiedener Weise befähigt sein, derartige Erscheinungen hervor= zurufen. Tritt z. B. der Sturm mit Böen, vorzugsweise in Zwischenräumen, auf und stimmen diese mit dem Vermögen eines bestimmten Bodens, in Schwingungen zu geraten, überein, so ist er besonders geeignet, echte Erdbeben auszulösen. Doch können auch die Angriffspunkte für ihn, wie Gebäude, Fels= wände und Bäume, fehlen oder durch die Richtung ihrer Stellung ohne besondere Bedeutung sein. Die Neigung des Bodens, sich erschüttern zu lassen, kann dabei zeitlich wechseln; der nach dem Klima veränderliche Wassergehalt von Sand= und Schotter= schichten kommt in diesem Falle besonders für die sonst ruhigeren, durchlässigen Bodenarten jüngerer Formationen in Betracht. Auch die wenig zu Erschütterungen geneigten Schichten des

Diluviums haben deshalb, soweit der Wassergehalt in den
oberen Schichten die Festigkeit des Bodens bedingt, zeitweise
in ungewöhnlich hohem Grade die Disposition zu derartigen
Erschütterungen erhalten.

Die Luft wird nicht überall gleichmäßig erwärmt. Durch
diese Ungleichheit werden in ihr größere Strömungen hervor=
gebracht: die Winde. Ein besonders gutes Beispiel für der=
artige Bewegungen in der Luft bieten die Land= und See=
winde, wie sie an den Küsten des Meeres und dem Ufer
größerer Seen in regelmäßigem Wechsel wehen. Sie sind im
allgemeinen nur schwach und zeigen sich am deutlichsten in der

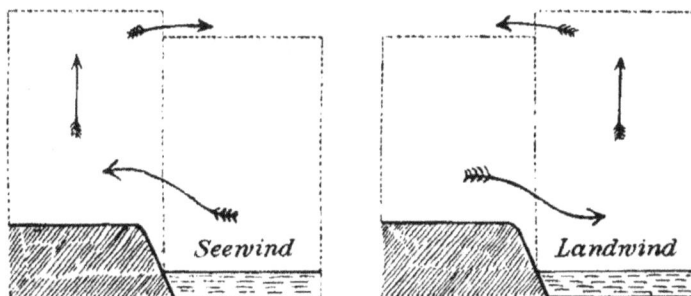

Fig. 52. Entstehung von See= und Landwind.

heißen Zone und auch nur dann, wenn kein anderer Wind von
größerer Stärke überwiegt. In größerer Entfernung von der
Küste werden sie ebenfalls nicht wahrgenommen.

Der Seewind, der von der See nach dem Lande hin weht,
beginnt meist einige Stunden nach Sonnenaufgang, erreicht seine
größte Stärke etwa gegen 2 bis 3 Uhr nachmittags und hört
mit Sonnenuntergang auf. Der Landwind, der in entgegen=
gesetzter Richtung bläst, setzt dagegen um Mitternacht ein und
weht gegen Sonnenaufgang am kräftigsten; wenn die Sonne
dann eine gewisse Höhe erreicht hat, hört er auf. Windstillen
trennen beide Winde, Land= und Seewind, voneinander.

Ungleichheiten in den Temperaturen des Landes und des
Wassers geben die Veranlassung zu ihrer Entstehung. Am

Tage erwärmt sich das feste Land durch die Sonnenstrahlen stärker als das Wasser, die über ihm ruhende Luft wird des= halb ebenfalls eine höhere Temperatur annehmen als die Luft über dem Meere. Die Luft über dem Lande dehnt sich daher stärker aus als die kühlere über dem Wasser, hebt sich daher auch über diese empor und fließt in höheren Luftschichten zu ihr hin ab. Unten aber strömt die kältere Luft von der See her in die wärmere über dem Lande ein: es ist Seewind vor= handen. Zur Nachtzeit strahlen nun aber Festland und See die aufgenommene Wärme wieder aus, und zwar das erstere lebhafter als die letztere. Es entstehen deshalb in der auf ihnen lagernden Luft Strömungen in entgegengesetztem Sinne vorher, es weht Landwind. (Fig. 52.)

Eine Reihe von Daten ergibt, daß die Land= und Seewinde an der deutschen Ostseeküste sich den eben allgemein geltenden Werten nicht ohne weiteres fügen wollen, so ist z. B. das Ein= setzen und die Dauer der Seebrise sehr veränderlich. Gelegent= lich begann sie bereits 8 Uhr morgens, dann aber auch oft erst um 2 Uhr nachmittags oder noch später. Eigentümlichkeiten in der Temperatur, Bewölkung und Verteilung des Luftdrucks geben die Veranlassung dazu. Dabei ist die Dauer des See= windes in den Sommermonaten durchschnittlich länger als zu anderer Zeit. Für die größte mittlere Windgeschwindigkeit an Seebrisentagen wurde der Wert 5,91 m in 1 Sek. ermittelt, als kleinster Wert dagegen 0,35 m, also im Mittel 2 bis 3 m. Der größte Wert jedes Tages fällt mit der Zeit der höchsten Temperatur zusammen, etwa zwischen 2 und 4 Uhr nachmittags.

Da in unseren Gegenden — im Verhältnis zu solchen, die mehr äquatorial liegen — das Land weniger der direkten Ein= wirkung der Sonne ausgesetzt ist und weniger erwärmt wird, ist für sie die Zeit der Seebrise auf die Zeit zwischen April und September beschränkt. Während der anderen Monate fehlt sie, weil das Meer dann stets wärmer ist als das Land und ein täglicher Wechsel zwischen Land= und Seewinden deshalb nicht eintreten kann. Am besten ist die Seebrise in den Sommer= monaten entwickelt.

Das Frische und ebenso das Stettiner Haff vermögen die Einwirkung des auf die Küste hin wehenden Seewindes nicht aufzuheben; der Seewind muß also draußen im Meer vor der Küste einsetzen. In Memel und Pillau beginnt er früher als in Neufahrwasser und Swinemünde und hört andererseits auch wieder früher auf. Da die beiden letzten Orte in Buchten liegen, erklärt sich ihr abweichendes Verhalten aus ihrer Lage. Besonders für Neufahrwasser ist das späte Einsetzen und frühe Aufhören besonders schlagend.

Der Winkel, um den die Windrichtung sich dreht, ist beim Einsetzen der Seebrise verhältnismäßig groß; sie beginnt mit einem gewissen Ruck. Zur Zeit des größten Winkels, den Küste und Wind miteinander bilden, ist die stündliche Drehung nur klein, später wird sie dann wieder größer. Jedenfalls sind die Seewinde meist Erscheinungen lokalen Charakters, und Tage, an denen die ganze Küste wechselnd Land= und Seewinde be= sitzt, sind äußerst selten. — Seejournale ermöglichten auch die Feststellung für die Ursprungstätte der Seebrise, nach ihnen entsteht sie etwa 4 bis 5 Seemeilen — d. h. eine geographische Meile und etwas mehr — vor der Küste.

Die verschiedene Erwärmung von Strand und Wasser durch die Strahlen der Sonne erklärt auch die eigenartige Erscheinung, daß man beim Baden laute Zurufe vom Strande aus nicht hört, andererseits ließen sich auch nur leise gesprochene Worte vom Wasser her am Strande deutlich vernehmen. Diese Eigen= tümlichkeit macht sich nur bei klarem Sonnenschein bemerkbar, wenn der Strand und die Luft über ihm stark erwärmt werden. Da der Schall leichter von dichterer in dünnere Luft übergeht als umgekehrt, wird er auf seinem Wege nach der See hin in seinem Vordringen gehemmt. Die dabei auftretenden

Schwierigkeiten können sich sogar derart steigern, daß die
dichtere Luft über dem Wasser sich wie eine Wand verhält und
die auf sie treffenden Schallwellen als Echo zurückwirft. Aus
diesem Grunde ergibt sich auch, weshalb der Schall seinen Weg
vom Meere zum Strande leichter findet als in umgekehrter
Richtung.

Bei klarem Wetter vernehmen Badende aber Zurufe vom
Strande überhaupt nicht. — Stellt AB den Strand, BC die
Wasseroberfläche dar, so strömt an sonnigen Tagen kalte Luft
vom Wasser nach dem Strande hin, wo die erwärmte Luft
emporsteigt. Der Seewind, der so entsteht, bewegt sich jedoch

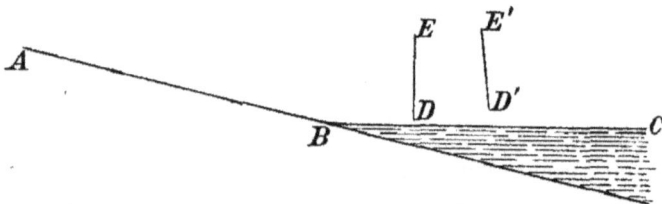

Fig. 53. Die Entstehung ungewöhnlicher Schallerscheinungen.
(Aus H. Bohn: Physikalische Beobachtungen.)

nicht überall gleich schnell. Dicht über dem Wasser erfährt er
durch Reibung eine gewisse Hemmung und zieht hier deshalb
langsamer dahin wie in seinen höheren Teilen. — Wird nun
in A ein Ton erzeugt, so breiten sich die Schallwellen in gleich=
förmiger Luft als konzentrische Kugelschalen nach allen Richtungen
mit gleicher Geschwindigkeit aus. Der Teil solcher Wellen, der
als ein derartiges Schalenstück über dem Badenden dahin=
zieht, gerät nun in Luft, die ihr entgegenweht und oben größere
Geschwindigkeit hat als unten. Er wird deshalb aus seiner
Richtung etwas abgelenkt und geht etwa aus der ursprünglichen
Richtung DE in eine $D'E'$ über, so daß er den Kopf eines
Menschen, der bei C schwimmt, überhaupt nicht erreicht sondern
darüber hinwegwandert. Ziehen andererseits Schallwellen von
C aus nach dem Lande hin, so werden sie über dem Strande
konzentriert; deshalb kann man bei klarem Wetter am Strande

auch solche Worte deutlich hören, die dicht über dem Wasser nur leise gesprochen wurden. (Fig. 53.)

An diese Beobachtungen schließen sich verschiedene andere an, die in das Gebiet der Optik gehören. So kann man an jedem vorbeifahrenden Fischerboot sich leicht überzeugen, wie schwierig das Schätzen der Entfernung auf der See ist. Wenn es parallel der Küste dahinfährt und der Blick sich senkrecht auf die Richtung seiner Fahrt richtet, so hat es scheinbar eine meßbare Geschwindigkeit. Doch bereits nach kurzer Zeit scheint diese zu erlahmen, trotzdem man an den gleichmäßig weiter arbeitenden Rudern genau erkennen kann, daß sie sich nicht ändert. Je weiter das Fahrzeug sich entfernt, desto schwieriger ist die Schätzung seiner Schnelligkeit und fällt viel

Fig. 54 und 55. Optische Täuschung beim Messen der Breite einer Bucht. (Aus H. Bohn: Physikalische Beobachtungen.)

zu niedrig aus. — Bei Seefahrten schätzt man Seezeichen, an denen das Schiff vorbeifährt, auf ihre Entfernung und sucht diese aus der Zeit zu ermitteln, die notwendig ist, um diese Marken zu erreichen. Gewöhnlich fallen derartige Schätzungen viel zu klein aus und betragen dann etwa den dritten oder vierten Teil vom wirklichen Wert. — Aus dem gleichen Grunde erscheint auch jede Meeresbucht, deren Strand nur eine schwache Krümmung aufweist, viel tiefer ins Land hineinzugreifen, als es tatsächlich der Fall ist. Blicken wir von der Mitte der Bucht nach beiden Enden oder von dem einen Ende zum anderen Ufer hinüber (Fig. 54), so schätzen wir die in Gedanken quer über das Wasser gelegte Maßlinie als zu kurz (Fig. 55).

Auch an nicht allzusteilen Küstenteilen bäumt sich die brandende Welle unter Zersprühen auf. Die ihr innewohnende Kraft wird nämlich beim Anprall in zwei Teilkräfte zerlegt, von denen die eine annähernd ſenkrecht nach oben gerichtet iſt. Steht die Sonne hinter uns, ſo läßt ſie in den emporgeſchleu= derten Waſſertropfen farbenprächtige Regenbogen auftreten. Wo Felsblöcke oder felſige Uferpartien ſich dem Wogendrang entgegenſtellen, treten dabei die ſchönſten derartigen Bildungen auf; im kleinen kann man ſich einen ſolchen Genuß dadurch verſchaffen, daß man einen größeren Stein ins Waſſer wirft. Mit der Bewegung der Tropfen ſchreitet dann auch der Regen= bogen von innen nach außen in Form konzentriſcher Kreiſe fort. — Tritt ein Regenbogen über der See auf, ſo ſcheint er durch optiſche Täuſchung nicht überall gleich breit zu ſein. Dort, wo er aus dem Waſſer hervorſteigt, beſitzt er ſcheinbar eine viel größere Breite als an den anderen Stellen. Die ſcharf ausgeprägte Horizontallinie drängt ſich unſerem Blick als Leiterin auf, ſo daß wir den

Fig. 56. Optiſche Täuſchung beim Meſſen der Breite eines Regenbogens. (Aus H. Bohn: Phyſikaliſche Beobachtungen.)

Regenbogen an ſeinen unterſten Enden direkt auf ihr meſſen. In einiger Entfernung von hier meſſen wir aber bereits wie an allen anderen Stellen die Breite richtig auf dem kürzeſten Wege von der einen zur anderen der begrenzenden Bogenkontur. (Fig. 56.)

Wo Steine auf einem ſchräg anſteigenden Strande liegen, kommt eine weitere eigentümliche Täuſchung durch die Brechung der Lichtſtrahlen zuſtande. Dieſe werden an der Grenzfläche zwiſchen Luft und Waſſer aus ihrer Richtung abgelenkt, und zwar ſo, daß ſie beim Eindringen in das letztere einen ſteileren Verlauf nehmen. Verläuft der Lichtſtrahl in entgegengeſetzter Richtung, ſo tritt das Umgekehrte ein. Das Auge, das über E nach D blickt, verlegt dieſen Punkt in der Richtung des Strahls in der Luft nach C. Der Stein ſcheint alſo nicht die Höhe AD, ſondern AC zu haben. Dadurch iſt es bedingt, daß Teile von Körpern unterhalb des Waſſerſpiegels ſtark verkürzt erscheinen. Flutet das Wasser an großen Blöcken auf und nieder, so wird bei seinem Emporsteigen ein bedeutender Teil untergetaucht, kürzer erscheinen und deshalb den Eindruck wachrufen, daß der Stein teilweise versinke. Zieht sich dagegen die Woge zurück, so wird das vorher untergetauchte Stück teilweise entblößt; es erscheint in seiner wirklichen Größe, im Gegensatz zu vorher stark vergrößert und erweckt den Eindruck, als wolle der Block aus dem Wasser emporwachsen. (Fig. 57.)

Bei anderer Gelegenheit scheint das Meer über das Land emporzusteigen. Sieht man von dem landwärts gerichteten Dünenabhange oder aus einiger Entfernung von der See zwischen Bäumen und Dächern eines Dorfes nach der Wasserfläche hin, so ist die Täuschung besonders auffällig. Oft sieht man sie dann wohl für ein großes, blaugraues

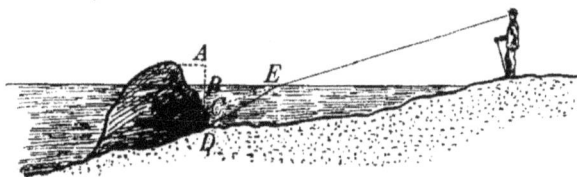

Fig. 57. Scheinbare Höhenzunahme der vom Wasser entblößten Teile.

Schieferdach an, nach dessen Vorhandensein man später vielleicht vergebens Umschau hält. Da man unwillkürlich seinen Blick vom Boden aufwärts zum Dünenkamm oder den Baumkronen und Dächern der Häuser emporsteigen läßt, erblickt man das Meer gehoben über der Düne oder in den Lücken zwischen den Gebäuden.

Sobald die See zurücktritt und Sandbänke in größerer Zahl über die Wasserfläche emporsteigen, bietet sich eine vortreffliche Gelegenheit, das Zustandekommen von Interferenzen zu studieren, wie sie bereits wiederholt erwähnt wurden. Am besten kann man seine Beobachtungen dort anstellen, wo eine solche Bank an dem Ende, das dem Winde zugekehrt ist, mit dem Strande in Zusammenhang steht. Weht der Wind der Küste parallel, so bilden sich in diesem abgegrenzten Meeresteil kleine Wellen, die in der Richtung der Küste verlaufen, während

andererſeits die großen Meereswellen faſt ſenkrecht zu ihr auf=
treffen. Iſt das kleine Waſſerbecken am anderen Ende offen,
ſo ſchneiden ſich an der Mündung die Wellengänge ſenkrecht.
Jedes Syſtem ſchreitet dann ungeſtört vom anderen weiter fort.
Gleichzeitig ſchwenken hier die großen Wellen durch ſog. Beu=
gung teilweiſe ab und treten in den abgegrenzten Teil ein, ſo
daß ſich dann hinter der Sandbank zwei Wellenſyſteme ent=
gegenziehen. Wo Wellenberg und Wellental bei dieſer Gelegen=
heit zuſammentreffen, tritt für den Augenblick eine Ruhe in der
Bewegung ein.

　　Zum Schluß iſt noch eine ganz eigentümliche Erſcheinung
zu erwähnen, die unter gewiſſen Verhältniſſen wahrgenommen
werden kann. Sie wird vielfach als das Emporkriechen des
Sandes bezeichnet. Um ſie verſtehen zu können, muß man
ſich zweierlei gegenwärtig halten: einmal, daß jedem Feuchtig=
keitsverhältnis eines Sandes ein ganz beſtimmter Böſchungs=
winkel entſpricht, und dann, daß bei oberflächlicher Befeuchtung
die Körnchen ein Sacken erfahren, und daß dieſe dichtere Packung
an der Oberfläche noch einige Zeit beſteht, wenn auch die
Feuchtigkeit, die ſie hervorrief, durch Verdunſtung bereits ver=
ſchwand. Nach kräftigem Regen oder ſtarkem Wellengang hat
ſich oberflächlich eine dünne, feſte Sandhaut gebildet. An den
Gehängen der Dünen und an den Wällen der am Strande von
Kindern und Badegäſten angelegten „Burgen" findet bei ſcharfer
Briſe und Sonnenſchein ein ſchnelles Abtrocknen ſtatt; die Körn=
chen haften an der Oberfläche vorläufig aber noch ſo zuſammen,
wie die Befeuchtung ſie zuſammenführte. Der Sand darunter
iſt ebenfalls trockner geworden, wie er zuletzt war, und hat die
Neigung, einen kleineren Böſchungswinkel zu bilden. Er be=
findet ſich alſo in einer Anordnung, die ſonſt durch die äußeren
Umſtände nicht gerechtfertigt iſt, im ſog. labilen Gleichgewicht.
Tritt irgendwie eine Störung ein, dadurch z. B., daß man mit
einem Stock oder einem geworfenen Steinchen die oberflächliche

Schicht irgendwie verletzt, so wird ein Ausgleich der wirkenden
Kräfte angestrebt. Der lockere Sand, der jetzt des äußeren
Haltes beraubt wird, tritt aus der Öffnung hervor und rieselt
abwärts. Gelegentlich gelingt es, den Augenblick abzupassen,
wo die Sandhaut gerade noch dem Druck von innen her Wider=
stand leisten kann. Ein Schlag mit dem Stock bricht dann
aus dem Dünengehänge Schollen bis zu 25 cm im Durch=
messer heraus, die sofort in Scherben zerfallen. Über diese fort
stürzt der lose Sand. Wie mit einem Schlage hat sich an
dieser Stelle eine neue, verhältnismäßig wenig steil ansteigende
Böschung gebildet, dann aber lösen sich noch längere Zeit
überall Körnchen ab und rieseln hernieder. Sie haben
jetzt genügend Zeit und Raum, um auf der neuen,
wenig steilen Böschung noch eine weitere,
steilere Böschung (*E*) anzulegen, die ver=
hältnismäßig rasch bis ungefähr $1\frac{1}{2}$ oder
gar 3 cm emporwächst. Dieses Aufsteigen
der neuen Böschung erweckt den
Anschein, als klimme der
zuerst herabgeglittene Sand

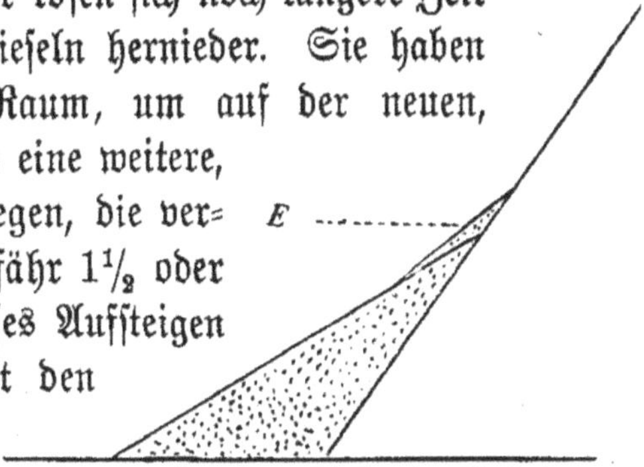

Fig. 58. Das Emporkriechen des Sandes.

nun zum Teil wieder empor. Je nach der Stelle des Beob=
achters ist die Täuschung mehr oder weniger vollkommen. Die
Wälle der von den Badegästen gegrabenen „Burgen" zeigen diese
Erscheinung in entsprechend verkleinertem Maßstabe. (Fig. 58.)
    Nicht allzu selten trifft man an den Küsten eine eigenartige
optische Erscheinung. Gegenstände, die so fern liegen, daß
sie nicht oder nur ihre obersten Teile wahrgenommen werden
können, werden infolge einer eigentümlichen Strahlenbrechung
sichtbar oder gehoben. Auf und nahe dem Meere, wo eine
große, gut übersichtliche Fläche vorliegt, tritt eine solche Täu=
schung dem deutschen Seemann vorzugsweise bei solchen Gegen=
ständen entgegen, die in der Kimm liegen, d. h. dort, wo
Himmel und Erde im sichtbaren Horizont zusammenzustoßen

scheinen, oder er fand Veränderungen im glatten Verlauf der
Kimm selbst.   Mit der Bezeichnung Kimmung bezeichnet man
deshalb auf der See derartige optische Erscheinungen.

Bereits bei der Besprechung der Richtungsänderung, die
Wellen im flachen Wasser nahe dem Strande immer gerade auf
die Wasserkante zulaufen läßt, wurde auf ein eigenartiges Gesetz
der Physik hingewiesen.   Es betont, daß jeder Körper und jede
Welle beim Übergang in ein unwegsameres, dichteres Gebiet
von ihrem ursprünglichen Verlaufe abgelenkt und beim Eintritt
in den hemmenden Stoff zur Grenzlinie steiler gestellt wird.
Verläuft deshalb ein Lichtstrahl schräg gegen eine Luftmasse,
die immer dichter und dichter wird, so wird er mehr und mehr

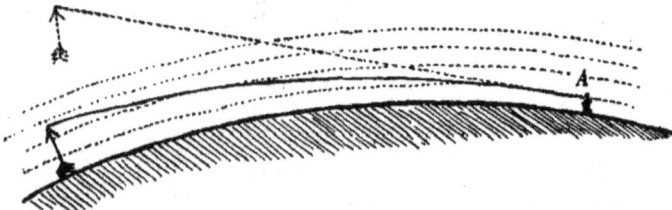

Fig. 59. Atmosphärische Strahlenbrechung. Der Gegenstand von Pfeilform scheint emporgehoben.

von seinem Wege abgelenkt.   Der ursprünglich geradlinige Ver=
lauf wird zu einem gekrümmten.   Nun verlegt man unwillkür=
lich alles, was man erblickt, in die Richtung, woher die Licht=
strahlen kommen, die ihn uns darstellen.   Gegenstände, die
hinter der Kimm liegen, können bei diesem eigenartigen Wege
des Lichtes unter geeigneten Verhältnissen aus diesem Grunde
wahrgenommen werden.   Der flache Strand erscheint gehoben
und als hohes, gelbes Festland, Rifftonnen bei unklarem Wetter
wie große Schiffsrümpfe, ja manchmal sieht man sogar Teile des
gegenüberliegenden Ufers über der Kimm in der Luft schwimmen.
Da die dichtere Luft, in der die Lichtstrahlen ihre Ablenkung
erfahren, nicht immer in sich gleichartig beschaffen ist, treten
gern Verzerrungen auf.   Die Kimm erscheint dann in starker
Wellenlinie und zackig, der niedrige Strandsand in mäßig hohe,

gelbe Klippen verwandelt, während bei Gebäuden eines Ortes einige unverändert, andere dagegen ganz oder teilweise verzerrt sind. (Fig. 59.)

Blickt man bei einem Aquarium oder einem anderen mit Wasser gefüllten durchsichtigen Gefäß (etwa einem Einmachglas) schräg von unten gegen die Wasserfläche, so wirkt diese als Spiegel. Gegenstände, die mit dem Wasserbehälter auf derselben Unterlage stehen, kann man bei richtiger Kopfhaltung mittels der zurückgeworfenen Strahlen wie in einem Spiegel sehen. Freilich scheinen sie dann über dem Wasser zu liegen, entsprechend dem Umstande, daß man sein Bild im gewöhnlichen Spiegel hinter der spiegelnden Fläche sieht. (Fig. 60.) Derartige Erscheinungen kommen überall dort zustande, wo sich zwei Luftschichten von ungleicher Dichte horizontal übereinander lagern. Dabei kann die Verschiedenheit in der Dichtigkeit entweder durch Verschiedenheit in der Temperatur oder solche im Feuchtigkeitsgehalte hervorgerufen werden. Man muß dabei innerhalb der dichteren Luft seine Beobachtungen anstellen und in

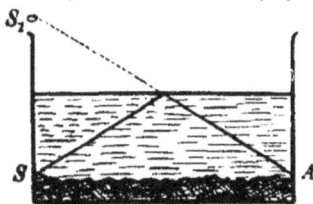

Fig. 60. Spiegelung eines Gegenstandes an der Grenzfläche von Wasser und Luft. — A Auge, S Gegenstand, S_1 dessen Bild.

genügend schräger Richtung auf die Grenzfläche nach der dünneren Luft hin blicken. Besonders häufig sind solche Erscheinungen als Fata Morgana an den Haffen, der Danziger Bucht und der westlichen Ostsee beobachtet worden. Hierbei befand sich der Beobachter oberhalb des Niveaus der spiegelnden Fläche, wobei die dichtere Luft über der dünneren lagerte. Die Grenzfläche lag dann einige Meter über der Wasserfläche. Die Wellen auf der letzteren konnte man von dem erhöhten Standpunkte nicht wahrnehmen, weil die Lichtstrahlen an der Oberfläche der unteren, dünneren Luft zurückgeworfen wurden. Man erblickt deshalb scheinbar eine ebene, spiegelnde Fläche, die man für ruhiges Wasser halten möchte. Von Fahrzeugen

13*

sieht man nur die Teile, die über der Grenzfläche der beiden
Luftschichten hervorragen; sie und der Himmel spiegeln sich in
dem eigenartigen Luftmeere. Der Rumpf dagegen bleibt mehr
oder weniger unsichtbar. (Fig. 61.)

Auch über dem heißen Sande der Dünen nimmt man hin
und wieder ähnliche Luftspiegelungen wahr. Gewöhnlich liegt
dann die Grenzschicht mit dem
Dünenkamm auf gleicher Höhe.
Bisweilen wogt sie sanft auf und

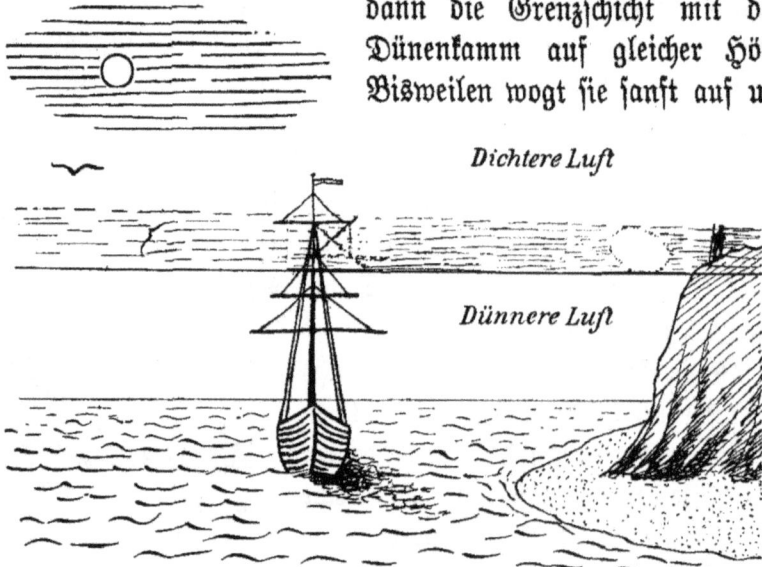

Dichtere Luft

Dünnere Luft

Fig. 61. Fata Morgana auf dem Frischen Haffe.

nieder, dann ändern sich mit ihrem Heben und Sinken in kurzen
Zwischenräumen die Erscheinungen. Seltener zeigen sich Unterbrechungen in der spiegelnden Fläche, so daß in dem Bilde —
wie in einem schlechten Spiegel — Mißgestaltungen auftreten:
die Düne erscheint ausgekehlt, und die Höhen weisen Verzerrungen auf. — Luftspiegelungen und Kimmung scheinen in verschiedenen Jahren mit verschiedener Häufigkeit aufzutreten.

Legt man sich so in den Sand, daß man mit dem Auge
unmittelbar über den heißen Boden dahinblicken kann, so wirkt
die von diesem aufsteigende heiße Luft in anderer Weise. Vor-
überfahrende Schiffe zeigen dauernd wechselnde Verzerrungen,

und die Gegenstände an der gegenüberliegenden Küste tanzen fortgesetzt auf und nieder. Es machen sich also Erscheinungen bemerkbar, wie man sie beim Hindurchblicken durch die heißen Verbrennungsgase eines Lampenzylinders wahrnimmt und vom Flimmern der Sterne her kennt.

Überall, wo der Strand mit feinem Sande bedeckt ist, kann man nach kräftigem Wellengang, wenn Sonnenschein und Wind schnell abtrocknen, eine eigenartige Erscheinung wahrnehmen. Schon bei gewöhnlichem Begehen, doch besser noch bei lässigem Gang mit schleifenden Füßen beginnt der Boden eigenartige Töne von sich zu geben. Die feinen Sandkörnchen sind durch die Befeuchtung zusammengesackt und werden in dieser dichteren Packung auch noch einige Zeit nach dem Abtrocknen erhalten. Der Strand ist dann mit einer eigenartigen Kruste bedeckt, die unter dem Fuße zerbricht und stellenweise durch den Sand, welcher unter der Last des Wanderers seitlich emporquillt, in Schollenform hochgehoben werden kann. An diesen herausgebrochenen Stücken kann man Risse deutlich wahrnehmen, sogar bei einiger Vorsicht kleinere Partien davon aufsammeln. Je fester und dichter diese zusammenhaftenden Körner liegen, desto müheloser und überzeugender erkennt man sogleich, daß sog. tönender Sand vorliegt.

Diese dichte Sanddecke wird beim Wandern am Strande zerbrochen und gibt unter dem darüber streichenden Fuß Gelegenheit zur Tonbildung etwa in der Weise, wie das sog. „Schreien" der Seide zustandekommt. Ist der Sand bei seiner größten Dichtigkeit besonders trocken, so sind die von ihm ausgesandten Töne stark und schrill. Dann begegnet man am Strande wohl Personen, die sich die Ohren zuhalten, weil ihnen diese „Sandmusik" unangenehm ist.

Die Körnchen behalten aber diese dichteste Lagerung nicht lange bei. Bald dehnen sie sich unter den erwärmenden Sonnenstrahlen mehr und mehr und lagern sich, teilweise hüpfend, in

eine lockerere Anordnung um. Damit beginnt dann der Sand
die Fähigkeit, Töne auszusenden, zu verlieren. Ist die Um=
änderung in der Lage abgeschlossen, so erfolgt ein Tönen nicht
mehr, wo es vielleicht vor einigen Stunden noch recht kräftig
war. Da eine Bank feuchten Sandes unter den oberen, trockenen
Körnern die Schallwellen zusammenhält und wie ein Resonator
wirkt, findet man in größter Entfernung von der Wasserkante,
wo das Gelände emporsteigt, ein Tönen nicht mehr.

An heißen Sommertagen, besonders gut im August, kommt
der Sand auch an Stellen zum Tönen, die nicht durch Befeuch=
tung vorher zum Zusammensacken gebracht waren. Wahrschein=
lich werden bei der kräftigen Erwärmung die Oberflächen, wie
man es von verschiedenen anderen Körpern kennt, etwas klebrig
und haften deshalb aneinander, etwa ebenso wie die Körnchen,
über welche die Wogen des Strandes hinwegspülten.

Schließlich sei noch einer eigenartigen Erscheinung Erwäh=
nung getan, die besonders von nordischen Seeleuten beschrieben
ist, sich aber auch in der Ostsee zeigt. Die alten Sagen be=
richten von einem sog. Lebermeer, das in der Nähe von Is=
land lag und derart von Quallen und „Seelebern" erfüllt war,
daß es die Bewegung der Schiffe aufhielt. Das wirklich Tat=
sächliche in jenen alten Fabeln ist darin zu suchen, daß an ge=
wissen Stellen des Meeres das Schiff scheinbar ohne jede Ur=
sache seine Steuerfähigkeit und seine Fahrt fast ganz verliert.
Derartige Erscheinungen beschreibt auch Nansen, man bezeichnet
sie heute mit „Totwasser". Es tritt dort auf, wo in einiger
Tiefe unter der Oberfläche eine Grenzfläche zwischen leichterem
oder gar süßem Oberflächenwasser und schwerem Seewasser der
Tiefe zur Ausbildung gelangt, so daß der untere Teil des Schiffes
sich in dem letzteren befindet. — Jedes Fahrzeug staut das Wasser
vor sich auf, während hinter ihm eine Einsenkung entsteht. Je
leichter das Wasser am Bug abfließen und der Wasserspiegel
sich wieder wagerecht einstellen kann, desto geringer wird der

Widerstand des Wassers und desto größer die Geschwindigkeit des Schiffes sein. Deshalb hält auch ein schmaler und seichter Kanal die Fahrt auch mehr auf als weites und tiefes Wasser.

Liegt unter dem Wasser der Oberfläche anderes von größerer Dichte, so ist der Ausgleich in der Höhe des gestörten Niveaus mit Schwierigkeiten verknüpft. Am vorderen Ende des Schiffes wird unter dem erhöhten Wasser die salzigere Flut niedergedrückt, am hinteren Ende wegen des geringeren Druckes dagegen empor= gehoben. Durch diese Anordnung ist aber der Ausgleich des süßeren Wassers auf dem einfachsten und nächsten Wege durch Strömung unter dem Kiel hinweg verhindert. Durch Zirkulation im Salzwasser kann diese Störung aber nicht beseitigt werden, denn sobald sie beginnt, gerät das Niveau des Salzwassers noch mehr aus der horizontalen Richtung, und dann setzte gegen die Strömung ein noch größerer Gegendruck ein. Da das Salzwasser hinten höher steht, verhindert es jede Zirkulation nach hier hin.

Das süße Wasser muß sich am Bug also weiter aufstauen und oberflächlich auf großem Umwege nach hinten zu strömen versuchen. Dabei bleibt es aber längere Zeit dem Drucke des Schiffes ausgesetzt und nimmt in seiner Nachbarschaft seine Ge= schwindigkeit an. Besonders das Mitschleppen des Oberflächen= wassers muß die Fahrtgeschwindigkeit hemmen und sie unter besonders ungünstigen Verhältnissen sogar äußerst störend be= einflussen.

Die deutsche Seewarte.

Oben auf dem Stintfang an der Elbe, jetzt Neumayerstraße benannt, wird das Wetter mehr oder weniger genau voraus= gesagt! Das ist gewöhnlich alles, was die Landratte von dem Wirken und Schaffen der deutschen Seewarte in Hamburg weiß, welche nunmehr bereits auf 35 Jahre ersprießlicher Tätigkeit zurückschauen kann.

Die täglichen Wetterkarten sind freilich nur neben anderen

Wetterkarten entstanden. Während aber die allgemeine Wetter=
vorhersage durch die Beeinflussung kleiner Zufälligkeiten auch
heute immer noch nicht zuverlässig ist, lassen sich die Vorboten
des Sturmes deutlicher erkennen. Deshalb sind die Sturm=
warnungen in den meisten Fällen zutreffend und sehr nützlich.
Viele deutsche Seefischer, die sie an den Signalmasten der
Warnungsstellen, wie sie längs unserer ganzen Küsten verteilt
sind, beobachteten und sich in Sicherheit brachten, retteten Schiff
und Leben. Auch kleineren Küstenseglern sind solche Warnungen von
großem Dienste, während große Dampfer nur im äußersten Notfalle
den schützenden Hafen aufsuchen und hier besseres Wetter abwarten.

Von der umfassenden, rastlosen Tätigkeit der Seewarte
ist dieser ganze Wetterdienst aber nur ein kleiner Teil. Reich=
lich mit Instrumenten, Apparaten und Modellen versehen, die
nicht nur Beobachtungszwecken dienen, sondern auch die neuesten
Erfindungen und Verbesserungen zur Belehrung und zur Nutz=
anwendung für die Seefahrer vor Augen führen, verfolgt sie
unablässig ihre Hauptaufgaben, die in der Weiterentwicklung
der Nautik und ihrer Nutzanwendung für die Praxis gipfeln.
In den ersten Tagen ihrer Schöpfung durch den genialen Geist
Georg von Neumayers (1875) war ihr Wirkungskreis noch
sehr eng und doch bereits recht bedeutungsvoll. Damals stand
die Segelschiffahrt noch in sehr hoher Blüte, und galt es, die
Seewege klug zu wählen und die Reisen dadurch zu beschleunigen,
daß man den Wind aufsuchte und ungünstige Gegenden um=
ging. Die Warte suchte deshalb zuerst einen Stamm tüchtiger
Mitarbeiter zu gewinnen, um die erforderlichen Aufgaben zu lösen.
Eine Reihe deutscher Schiffskapitäne, durch wissenschaftliche Aus=
bildung befähigt und mit guten Barometern und Thermo=
metern ausgerüstet, fand sich bald bereit, freiwillig für diese Sache
mitzuarbeiten. In Tausende von Wetterbüchern wurden Mil=
lionen von Wetterbeobachtungen auf allen Meeren und an allen
Küsten getreulich eingetragen und der Seewarte später abgeliefert.

So kam ein wertvolles und gewaltiges Material zusammen, aus dem nach und nach die großen Segelhandbücher für den Atlantischen, für den Indischen und für den Stillen Ozean je mit einem Atlas herauswuchsen. Diese Werke stellen das Beste dar, was an Arbeit über ozeanische Verhältnisse bis dahin jemals geleistet war, und fanden bei den Gelehrten des In- und Auslandes ungeteilte Anerkennung; den Kapitänen der Segelschiffe wurden sie aber unentbehrliche Ratgeber.

Eine andere wichtige Aufgabe der Seewarte bestand seit ihrer Entstehung darin, die deutschen Seeleute mit genügend zuverlässigen Werkzeugen auszurüsten, um sie sicher auf ihrem schwierigen Wege über die große Wasserwüste zu führen. Gelangten in erster Zeit nur Kompasse und Winkelmeßinstrumente (Sextant, Oktant u. a.), Barometer und Thermometer zur Prüfung, so kamen später die Schiffslaternen hinzu, als das Anwachsen des Dampferverkehrs die Gefahr der Zusammenstöße immer drohender werden ließ. Nach gründlicher, wissenschaftlicher Methode werden sie auf ihre gesetzliche Sichtweite untersucht; andererseits will man der wichtigen Sache der Schifffahrt dadurch nützen, daß man dauernd der Vervollkommung der Nebelsignalapparate von Fahrzeugen erhöhte Aufmerksamkeit zuwendet. Um zu ermessen, was im Laufe der Zeit erreicht ist, werfe man einen Blick auf die Kompasse aus der „guten, alten Zeit", als man noch keine Vorstellung davon hatte, wie ein zuverlässiges derartiges Instrument beschaffen sein muß, und betrachte dann die feinen, sicher arbeitenden der letzten Zeit, Instrumente, wie sie seit dem Entstehen unserer deutschen Seewarte hergestellt wurden. Durch Nacht und Nebel führen sie unsere größten Schnelldampfer mit größter Genauigkeit ihrem Ziele entgegen, „als wenn sie auf Schienen liefen".

Ein anderes wichtiges, nautisches Instrument, das in jeder Beziehung studiert und in seiner Entwickelung sorgfältig überwacht wird, ist die feine Seeuhr, das Chronometer. Auf weitem

Meere vermag der Seemann durch Vergleich mit ihr nach astronomischer Ortsbestimmung den Längenabstand vom Null= meridian zu bestimmen. Monatelang wird jedes Instrument auf dem Chronometerinstitut in Schwitz= und Trockenkammern, in Kälte= und Wärmekammern sorgfältig auf die Gleichmäßig= keit seines Ganges geprüft, ehe es den Kapitänen auf die See= reise mitgegeben werden darf. Diese aufgewendete Sorgfalt ist wohl berechtigt, entspricht doch eine Zeitminute im Raummaß 15 Längenminuten, also auf dem Äquator 15 Seemeilen oder 4 deutschen Meilen. Unsichtbare oder durch Nacht und Nebel verdeckte Riffe können deshalb bereits bei einem Fehler von wenigen Sekunden höchst verhängnisvoll werden.

Mit Beginn dieses neuen Jahrhunderts war von den ein= und auslaufenden Seeschiffen kaum noch ein Zehntel als Segler von Wind und Wetter unmittelbar abhängig, damit wurden die Aufgaben der Seewarte einer entsprechenden Ausdehnung unterzogen. Es galt nunmehr, auch den Dampferkapitänen ge= eignete Hilfsmittel gegen die Gefahren von See und Land zu bieten und ihnen die besten Seewege und Hafengelegenheiten anzugeben. Schon zu Anfang des vorigen Jahrhunderts begann die Seewarte deshalb, Küstenhandbücher zu veröffentlichen, welche die Küsten und ihre Gefahren, Seezeichen und Landmarken be= schreiben und über viele wichtige Fragen Auskunft geben. Um von fremden Veröffentlichungen vollständig unabhängig zu sein, müssen alle Küsten der Erde allmählich in dieser Weise beschrieben werden; auch an der Bewältigung dieser Riesen= arbeit helfen Tausende ausgezeichnete, freiwillige Männer mit, alle deutschen Konsuln in fremden Seehäfen, viele Kommandanten deutscher Kriegsschiffe im Auslande und die meisten deutschen Kapitäne von Dampfern und Segelschiffen, solange sie sich auf überseeischer Fahrt befinden.

Die Tätigkeit der Seewarte spielt sich also in fünf Abtei= lungen ab, nämlich in der: I. für Ozeanographie und Segel=

anweiſungen, II. für Prüfung und Entwickelung der nautiſchen
Inſtrumente, III. für Sturmwarnungen und tägliche Wetter=
berichte, IV. das Chronometerinſtitut, V. Abteilung für Küſten=
und Hafenbeſchreibung. Jede hat ihre beſtimmten Aufgaben
zu löſen und widmet ſich dieſen mit großem Fleiß. Außer
ihrem Bereiche liegt aber noch ſo manche andere Tätigkeit, von
denen hier nur einige erwähnt werden mögen.

Von den einzelnen Punkten eines gewaltigen Beobachtungs=
netzes, das alle bewohnten Gegenden der Erde umſpannt, über=
mitteln wiſſenſchaftliche Arbeiter Jahr für Jahr das beſte
Material über die magnetiſchen Kräfte des Erdballs und die
Störungen, die dieſe bisweilen heimſuchen. Wenigſtens alle
5 Jahre werden die nunmehr geltenden magnetiſchen Elemente,
Deklination, Inklination und Intenſität, auf beſonderen Karten
veröffentlicht. Die Bedeutung dieſer Elemente für die Richtkraft
des Kompaſſes geht wohl am beſten aus der Tatſache hervor,
daß ein Schnelldampfer, der von Hamburg nach New York
fährt, genau wiſſen muß, wie die magnetiſche Nordrichtung
ſeines Kompaſſes aus ihrer Hamburger Richtung zum wirklichen
Nordpol der Erde unterwegs abweicht. Während der erſten
Hälfte der Reiſe geſchieht das um etwa 20° nach Weſten hin,
während der zweiten dagegen um etwa 26° nach der entgegen=
geſetzten Richtung; dabei finden die Richtungsänderungen der
Nadel durchaus nicht in gleichem Verhältnis mit dem durch=
laufenen Wege ſtatt und weiſen alljährlich Verſchiebungen auf.
Für die deutſchen Küſten wird deshalb auch in jedem Jahre
die Aufnahme der magnetiſchen Elemente von der Direktion
der Seewarte angeordnet und geleitet.

Von dieſer Stelle iſt auch wiederholt auf die Notwendigkeit
und die Bedeutung der Polarforſchung hingewieſen worden, hier
wurden die deutſchen Unternehmungen im Syſteme der inter=
nationalen Polarforſchung, nämlich die Forſchungsreiſen nach
dem Kinguafjord und nach Süd=Georgien in den Jahren 1882

und 1883 und ſpäter der Gedanke an die Wichtigkeit einer
deutſchen Südpolarforſchung ins Leben gerufen. Der reiche
Beſtand an Inſtrumenten, handſchriftlichen und gedruckten Be‐
richten und Karten bot hier Gelegenheit, Gelehrte und Seeleute
im Gebrauche der für ſolche Fahrt wichtigſten Apparate einzu‐
ſchulen. Nicht zum wenigſten leiſteten aber das lebendige Wort
aus dem Munde des für die Aufgaben und Ziele ſeiner See‐
warte begeiſterten, ſeit nunmehr faſt zwei Jahren verſtorbenen
Direktors v. Neumayer und die Belehrungen deutſcher, be‐
rühmter Nordpolfahrer genügende Gewähr für eine vorzügliche
Ausrüſtung und einen günſtigen Abſchluß der ſchwierigen
Unternehmungen. Auch ausländiſche Polarforſcher holten ſich
an dieſer Quelle Rat, z. B. Nanſen, ebenſo geographiſche
Forſchungsreiſende, namentlich ſolche, die in unſere Kolonien
gingen, und ferner Teilnehmer an Tiefſee‐Expeditionen. Viele
deutſche und ausländiſche Seeoffiziere, Navigationslehrer und
Gelehrte haben an den nautiſch‐aſtronomiſchen Lehrkurſen der
Seewarte teilgenommen oder im Archiv Stoff für wiſſenſchaft‐
liche Arbeiten geſchöpft. Mehr denn je wird die Seewarte
heute von allen Seiten um Rat in Fragen angegangen, die
gerade die ſchwierigſten ihres weiten Arbeitsfeldes ſind und
deren Löſung ohne ihre Hilfe gar nicht oder nur unvollkommen
und umſtändlich gelingen. Es läßt ſich in Kürze nicht ſchil‐
dern, wie die Landwirtſchaft an der Seewarte hängt, und wie
Eiſenbahnverwaltungen Rat gegen Schneeverwehungen bei ihr
ſuchen. Findet doch auch der Seefiſchereiverein Unterſtützung
für ſeine Fahrten, der Feinmechaniker Belehrung an den
Muſterinſtrumenten der reichen Sammlungen, der Schiffbau‐
ſtudent und der Seemannsſchüler Hamburgs aber eine Vorſtellung
von dem, was mit heißem Bemühen geſchaffen, und einen An‐
ſporn, die ganze Kraft einzuſetzen, um den glücklich betretenen Pfad
deutſcher Leiſtungsfähigkeit und deutſchen Fleißes weiter zu wallen,
zum Segen der Menſchheit und zum Stolze des Vaterlandes.

Sachverzeichnis.

www.ingramcontent.com/pod-product-compliance
Lightning Source LLC
Chambersburg PA
CBHW021704210326
41599CB00013B/1520